铁磁近邻作用下二维电子气体系的自旋相关输运研究

王海艳　著

U0227404

科学技术文献出版社
SCIENTIFIC AND TECHNICAL DOCUMENTATION PRESS

·北京·

图书在版编目（CIP）数据

铁磁近邻作用下二维电子气体系的自旋相关输运研究 / 王海艳著. —北京：科学技术文献出版社，2018.10（2020.1重印）
ISBN 978-7-5189-4680-8

Ⅰ.①铁… Ⅱ.①王… Ⅲ.①凝聚态—物理学—研究 Ⅳ.① O469

中国版本图书馆 CIP 数据核字（2018）第 162841 号

铁磁近邻作用下二维电子气体系的自旋相关输运研究

策划编辑：张 丹　　责任编辑：赵 斌　　责任校对：文 浩　　责任出版：张志平

出　版　者	科学技术文献出版社	
地　　　址	北京市复兴路15号　邮编 100038	
编　务　部	（010）58882938，58882087（传真）	
发　行　部	（010）58882868，58882870（传真）	
邮　购　部	（010）58882873	
官 方 网 址	www.stdp.com.cn	
发　行　者	科学技术文献出版社发行　全国各地新华书店经销	
印　刷　者	北京虎彩文化传播有限公司	
版　　　次	2018 年 10 月第 1 版　2020 年 1 月第 3 次印刷	
开　　　本	710×1000　1/16	
字　　　数	101千	
印　　　张	6.75	
书　　　号	ISBN 978-7-5189-4680-8	
定　　　价	28.00元	

前　言

　　二维电子气是在二维平面内能自由运动，而垂直于该平面方向运动受限的电子系统，它的独特性质使其成为凝聚态物理领域的研究热点之一。本书采用转移矩阵方法，分别对半导体异质结、石墨烯和拓扑绝缘体表面几种典型二维电子气体系在铁磁近邻作用下的自旋相关输运问题进行了较系统的研究，旨在为纳米电子器件和自旋量子器件的设计提供物理基础。

　　全书共分为六章：

　　第一章简要介绍了几种典型二维电子气体系的实现及实验制备，以及它们的物理性质和应用背景。

　　第二章详细介绍了介观输运研究中常用的转移矩阵方法。

　　第三章根据薛定谔方程，研究半导体异质结二维电子气在外加两个不对称磁垒作用下的自旋相关输运性质。结果表明：不一致的磁垒可以使体系电导自旋分离，进而导致隧穿磁阻的自旋分离；磁垒间隔越小，不对称性越明显，自旋分离也越明显。因此，通过适当调节外加磁垒的结构参数，可以获得自旋明显分离的电导和磁阻。

　　第四章从 Dirac 方程出发，分别研究了石墨烯和扶手椅型边缘石墨烯纳米条带在两个可调磁垒作用下的自旋相关输运性质。结果表明：当两磁垒相对高度差较大时，体系低能量区域禁止导通，且反平行情况下的透射谱不再关于入射角对称；当两磁垒间隔增大时，中间区域左行波和右行波的干涉增强，使透射谱更加离散化。当磁垒宽度变大时，由于衰减态的存在，凡是衰减长度小于势垒宽度的电子波将不能透过势垒。相应地，体系的隧穿电导和磁阻随结构参数变化的特征与透射谱一致，磁垒绝对和相对高度的增强或磁垒宽度变大都会使得电导减小，磁阻增大，而磁垒间隔增大只是导致电导和磁阻振荡加强。扶手椅型石墨烯纳米条带在磁垒作用下的输运特性是：横向受限导致横向波矢离散化，所以磁化平行和反平行构型下体系都呈现平台电导，由此导致了平台磁阻。同时，条带宽度不同，其能带结构和输运电导的特征也不相同。

第五章是我们研究的重点内容。利用转移矩阵方法，研究了电磁复合超晶格作用下三维拓扑绝缘体表面的能带结构和输运性质，以及电子自旋极化的分布。结果表明：由于磁化方向从平行到反平行造成势垒的结构差异，在同样的能量窗口，反平行构型下子能级的数目多于平行情况。当磁垒足够强时，平行和反平行构型下低能量区域子能带都几乎平行于坐标轴，这意味着传输速度趋于零，所以电子的传输将被禁止，而电垒的变化对体系能带结构影响不大。体系的透射通道数目与能带结构是一致的，磁垒增强时反平行情况下存在更宽的禁止导通区域。电垒增强时，当能量与电垒高度匹配时，只存在小角度入射的透射通道。此外，我们还研究了表面电子的自旋极化分布。在动量空间，其自旋极化分布表明反射电子和透射电子出现的能量区域与透射谱都是相对应的。由于自旋与动量的锁定，反射电子自旋极化取向相对于入射电子旋转一个角度，而透射电子与入射电子一致。但在坐标空间，入射区域电子平面内自旋极化只随纵坐标周期性变化，但 z 分量不为零，打破了自旋平面的锁定。在透射区只有透射波，因此该区域内电子自旋极化取向与坐标无关，只随入射电子取向而变化。

第六章对本书相关研究工作进行了总结和归纳，并对二维电子气体系在铁磁近邻作用下的输运研究进行了展望。

目　录

第一章 绪 论

1.1 几种典型的二维电子气体系

1966 年，Fowler、Fang、Howard 和 Stiles 在第 8 次国际半导体会议上首先提出了二维电子气（2DEG）这个概念[1]：电子被约束在二维平面内自由运动的物理系统统称为二维电子气。随着理论和实验上的发展，研究二维电子气中各种独特的电子性质成为凝聚态物理中重要的一个领域。随着纳米技术的发展和新材料的不断涌现，不同种类的二维电子气体系被相继开发，如半导体异质结量子阱[2]、单层石墨[3]、三维拓扑绝缘体表面[4]。下面就本书涉及的这几种二维电子气的制备及其基本性质进行简单介绍。

1.1.1 半导体异质结量子阱

传统二维电子气主要有三种[1,5]：第一种是液氦表面；第二种是金属/氧化物/半导体场效应管中的反型层，整数量子霍尔效应[6]就是在这种材料中发现的；第三种是半导体异质结量子阱，在此种材料中又发现了分数量子霍尔效应[7,8]。半导体异质结量子阱易于实现且品质良好，因此，它成为人们广泛研究的对象。所谓半导体异质结量子阱，是由两种不同的半导体材料相间排列形成的，具有明显量子限制效应的电子或空穴的势阱。由于量子阱宽度（当阱宽尺度足够小时才能形成量子阱）的限制，载流子波函数在垂直界面的方向上是局域的，即载流子只能在平行于界面的平面内自由运动。由两种不同半导体材料薄层交替生长的多层结构可以形成许多有序排列的分离量子阱，称为多量子阱。如果势垒层很薄，相邻势阱之间的耦合很强，且阱的个数众多，那么各量子阱中分立的能级将扩展成能带（微带），这样的多量子阱叫作超晶格。

半导体异质结量子阱的制备通常是将一种材料夹在两种材料（通常是宽禁带材料）之间形成。例如，砷化铝/砷化镓/砷化铝异质结[2]，其可以通过分子束外延（MBE）或化学气相沉积（MOCVD）的方法来制备。分子束外延生长法[9]是一种可在原子尺度精确控制厚度、掺杂和界面平整度的外延薄膜生长技术。如图1-1所示，在超高真空环境下，加热坩埚，使其产生具有各种所需组分的蒸汽，按每层所需成分精确控制阀门，使蒸汽经小孔准直后形成分子束或原子束，直接喷射到加热的衬底上。这样，分子或原子就按晶体排列一层层地"长"在基片上，形成薄膜。对于砷化镓来说，使用分子束外延生长时所需的温度是500~600 ℃。该技术的优点是：束流强度便于精确控制，可随源的变化而迅速调整膜层组分和掺杂浓度；衬底温度要求不高，膜层生长速率慢。用这种技术已能制备出交替生长不同组分、不同掺杂的薄膜而形成的超薄层量子阱微结构材料。化学气相沉积法是传统的制备薄膜的技术，其原理是利用气相反应，在高温、等离子或激光辅助等条件下控制反应气压、气流速度、基片材料温度等因素，从而控制纳米微粒薄膜的成核生长过程；或者通过薄膜后处理，控制非晶薄膜的晶化过程，从而获得纳米结构的薄膜材料。

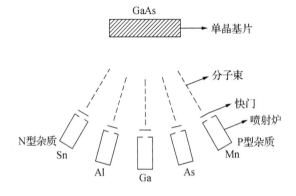

图1-1 　分子束外延装置示意

砷化镓半导体异质结是一个在 GaAs 和 $Al_xGa_{1-x}As$ 的界面处形成的二维导电薄层，如图 1-2a 所示。由于宽带隙 $Al_xGa_{1-x}As$ 层的费米能比窄带隙的 GaAs 层要高，形成弯曲势阱（图 1-2b），导致电子从 $Al_xGa_{1-x}As$ 层转移到 GaAs 层的阱内，从而消除了低温下的电离杂质散射，使其迁移率显著提高。

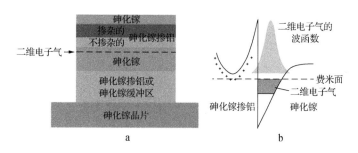

图1-2 砷化镓半导体异质结

a：异质结生长方向示意；b：二维电子气被局域在 GaAs 底质层和

$Al_xGa_{1-x}As$ 层的交界面处，对应的势是非镜面对称的

当结构处于平衡状态时，费米能处处相同并位于导带之内，此时靠 GaAs/$Al_xGa_{1-x}As$ 界面的电子密度最大，从而形成一个超薄的导电层，其中的电子只能紧贴着异质结界面运动，通常叫作二维电子气，也称量子阱。在二维电子气中，为了减少施主杂质对电子的散射，一般在界面处设置一不掺杂的 $Al_xGa_{1-x}As$ 间隔层。同时，由于 GaAs 和 $Al_xGa_{1-x}As$ 具有几乎相同的晶格常数，界面的出现并不破坏晶格的周期性，所以界面处边界散射的降低使电子的迁移率大大提高。

1.1.2 单层石墨片——石墨烯

随着科技的发展，电子器件的高度集成化和微尺度化成为必然趋势，导致利用传统的宏观硅基半导体材料设计电子器件的技术终将被淘汰[10]。因此，探索和研发各种受量子力学支配的新材料激起了人们广泛的兴趣。

碳是自然界非常丰富的元素，它可以形成原子结构各异、物理性质千差万别的同素异形体，如石墨、金刚石、富勒烯、无定形碳、卡宾碳、碳纳米管、碳纳米葱、纳米泡沫等碳纳米材料。碳材料的特性由其成键结构、手性结构、卷曲、层间相互作用等因素决定。基于 sp^2 轨道杂化形成的各种碳纳米结构具有良好的导电性，对外加电磁场或应变作用也非常敏感。通过纳米尺度的局域场与外场的耦合可以实现多种方式调控碳材料的能带，这使其在新一代电子器件设计领域有光明的应用前景。特别是石墨烯及其纳米条带，因其优良的物理化学性质而成为纳米材料中的"明星"。

自从 1985 年富勒烯[11,12]和 1991 年碳纳米管[13,14]相继被科学家发现，碳材料从三维的石墨和金刚石扩充到了零维的富勒烯、一维的碳纳米管。这些材料已经被实验证实是可以稳定存在的，但是二维单层石墨片是否可以稳定存在，一直是个疑问。在早期的研究中，Peierls 曾指出准二维晶体材料因其本身的热力学不稳定性，会在室温环境下迅速分解或拆解。Mermin-Wagner 理论也指出，长程有序的二维晶体会因长的波长起伏而受到破坏。因此，二维单层石墨一直被认为是假设性的结构，未受到广泛关注。直到 2004 年，英国曼彻斯特大学的物理学家 Geim 和 Novoselov 小组首先成功制备出稳定的单层石墨片[15]。他们采用的方法非常简单，把石墨薄片的两面粘在特制的塑料胶带上，再把胶带撕开，薄片也随之一分为二。不断地重复这个过程，得到的片状石墨就会越来越薄，最终得到了部分样品仅有一层碳原子构成，即石墨烯。石墨烯的发现使其迅速成为凝聚态物理、材料科学、纳米科学及生物技术等前沿学科的交叉研究热点，Geim 和 Novoselov 也因此获得了 2010 年度的诺贝尔物理学奖。

理想的石墨烯结构是二维平面蜂窝状晶格结构，可以看作是一种从石墨材料中剥离出的单层石墨片，每个碳原子经 sp^2 轨道杂化后剩余一个垂直其平面的 p 轨道上的电子形成大 π 键，π 电子可以自由移动，使石墨烯具有良好的导电性[16]。二维石墨烯结构可以看作是构建多维碳质材料的基本单元。例如，石墨可以看成是多层石墨片堆积形成，而石墨烯卷成圆筒状可以形成碳纳米管。但是，实际的石墨烯并不是完美的平面结构，Meyer 等[17]根据实验中观察到的现象，提出了一个理论模型：石墨烯平面上存在着一些小山丘似的起伏褶皱，如图 1-3 所示。随后，他们又发现褶皱程度随着石墨烯层数增大而减小，Fasolino 等[18] 推测这是单层石墨烯为降低其表面能，由二维向三维形貌转换的表现。

图 1-3　石墨烯晶体结构示意

目前，实验上可以制备出石墨烯的方法很多，如微机械剥离法[15]、高温热解外延法[19]、模具挤压法[20]、化学分离法[21]、气相沉积法[22]等。

Novoselov 等[15]用微机械剥离法得到了放在二氧化硅氧化层的硅片上的石墨烯样品。利用扫描电子显微镜（SEM）或原子力显微镜（AFM）即可观察和筛选出单层的石墨碎片，即石墨烯，如图 1-4 所示。这样得到的石墨烯在室温下呈晶体状，非常稳定，其载流子浓度达到了 10^8 A/cm^2，具有非常好的导电能力。这种方法简单，不易产生缺陷，但用此方法获得的单层石墨烯面积小，尺寸不易控制，并且难以大规模制备。

2006 年，美国工程研究所的 Berger 等[19]利用碳化硅高温热解外延法在 4H-SiC（0001）和 6H-SiC（000$\bar{1}$）表面成功制备出单层和多层石墨烯薄片。具体是在高真空下通过电子轰击经过 O_2 刻蚀的 SiC 氧化表面，直至氧化物被完全清除，再升温至 1300 ℃左右并保持 20 min，即可形成石墨烯薄片。根据加热温度的不同，厚度可达 5~100 层。此方

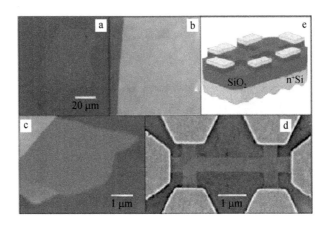

图 1-4　机械剥离方法制备的石墨烯片示意[15]

a：附于衬底上的一块约 3 nm 厚的石墨片；b：用 AFM 观测同一块材料边缘部分（2 μm×2 μm）
得到的图像；c：石墨烯的 AFM 图像；d：实验电路的 SEM 图像；e：实验电路的示意

法可得到生长在不同衬底上的两种石墨烯，一种是长在 Si 表面的石墨烯，与 Si 接触导致其导电性减弱；另一种是长在 C 表面的石墨烯，导电能力较强。用此方法制备出的石墨烯是单原子层的六角蜂窝状晶体，它具有二维电子气的基本性质，如高迁移率、各向异性和局域化等[23]。图 1-5a 是他们通过角分辨反光电子能谱（KR IPES）[24]、原位的低能电子显微镜（LEEM）[25] 及扫描隧道显微镜（STM）[26,27] 观察到的外延生长的石墨烯和石墨烯加工成器件后的图像。该方法是典型的范德瓦尔斯外延生长方式，其具体生长过程如图 1-5b 所示。

另外，Liang 等[20] 用模具挤压法制做出石墨烯场效应晶体管。澳大利亚伍伦贡大学的 Li 等[21] 还提出一种制备石墨烯薄膜常用的化学分离方法。具体操作如下，通过化学氧化，首先将膨胀的石墨氧化成亲水性的石墨氧化物，这样可以扩大石墨原子层间的距离，然后经适当的超声波振荡处理，得到胶体状的石墨氧化物，由于静电排斥作用石墨氧化物变得十分稳定，最后利用联氨等还原去除石墨氧化物的羧基，即可得到稳定的石墨烯导电薄膜。Stankovich 等[22] 利用微波增强化学气相沉积法也得到了石墨烯薄片。

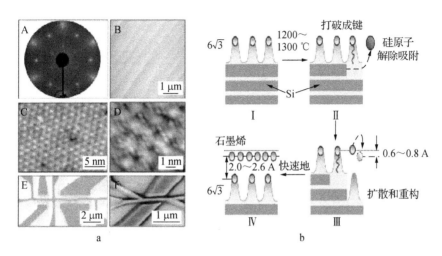

图 1-5 外延生长的石墨烯及其器件构型[19,27]

a：SiC 在（0001）方向上外延生长石墨烯的 LEED、AFM 和 STM 图像及加工成
器件后的 SEM 与 EEM 图像；b：石墨烯的外延生长过程示意

1.1.3 三维拓扑绝缘体表面

自从在磁场下的二维电子气系统中发现整数[6]和分数[7]量子霍尔效应以来，对量子霍尔态的研究在凝聚态物理领域产生了深远影响，出现了一大批新概念、新现象和新效应。因此，整数和分数量子霍尔效应的发现者分别获得了 1985 年度与 1998 年度的诺贝尔物理学奖，并且 2010 年度诺贝尔物理学奖也与石墨烯中的反常量子霍尔效应有关。

近年来，这方面的研究又取得重要突破，出现了量子自旋霍尔效应和新的量子物质态——拓扑绝缘体[28]。传统意义上的绝缘态[29]电子是惰性的，它等价于原子绝缘体，其所有电子以离子芯为中心沿着局域轨道运动，不受边界条件的影响，如图 1-6a 所示。

在量子霍尔效应体态，电子填充在不同的朗道能级，填充的朗道能级和未填充的朗道能级分别构成价带和导带，价带和导带之间有一个带隙，因此量子霍尔样品应该是绝缘体，导电性应该比较差。但实践证明，它具有良好的导电性，甚至优于金属。量子霍尔体系[31]中导带和

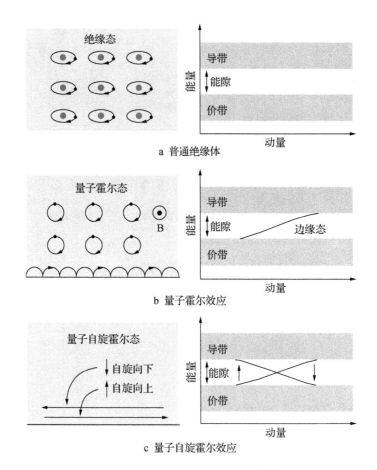

图 1-6　量子自旋霍尔效应示意[30]

左图为电子结构，右图为能带图。这里给出的是样品某一条边的边缘态能带。尽管
这 3 种态从体能带上看都是绝缘态，它们是拓扑不等价的，没有一个微扰能够把体系
从一个绝缘态变为另一个绝缘态，除非它能够强大到使体带隙发生闭合并重新打开

价带的带隙之间存在边缘态能带，而且该边缘态存在手征特点，即样品某一条边上的边缘态的电子只能向同一个方向传播，相对的两条边边缘态的电子传播方向相反，如图 1-6b 所示。这说明量子霍尔体系不再是传统意义上的绝缘体，它具有和普通绝缘体不同的拓扑特征，人们把这种必须用体态和边缘态一起描述的绝缘体叫作拓扑绝缘体。

随后，科学家们陆续发现了一些二维材料能形成全新的拓扑绝缘态[32-37]。在这类材料中，其自身的自旋轨道相互作用使体能带打开一个带隙，将完全占据的价带和导带分开，并且在带隙里面建立起螺旋的（helical）边缘态能带，即样品同一条边不同自旋的电子传播方向相反，如图 1-6c 所示。而且同一条边上的边缘态与时间反演算符是相关的，不会被保持体系时间反演对称性的非磁性杂质破坏，这种拓扑绝缘态通常被称为量子自旋霍尔态。此后不久，其概念很快被推广到了三维[38-40]。2009 年，方忠、戴希小组与张守晟小组[4]合作预言了 Bi_2Se_3、Bi_2Te_3 等三维强拓扑绝缘体材料，他们发现这类三维材料中自旋轨道也会在体能带打开带隙，并在表面建立起无能隙的金属态。这些表面金属态是由体能带的拓扑性质决定的，对非磁性杂质有较强的稳定性，这是第一次在三维材料中找到拓扑绝缘态。几乎同时，Hasan 小组[41]在实验上也观察到了 Bi_2Se_3（Bi_2Te_3）的表面态及其线性色散的 Dirac 锥结构。所以，有这样特征的材料叫作三维拓扑绝缘体。

目前，研究最多的是 Bi_2Se_3 家族材料的三维拓扑绝缘体[4,42]：Bi_2Se_3、Bi_2Te_3 和 Sb_2Te_3。这类材料的体电子态是有能隙的绝缘体，在费米能处存在着能隙，并且体带隙中只有一个 Dirac 点，即其表面是受时间反演对称性保护的无能隙金属态。它的存在非常稳定，基本不受杂质和无序的影响。以 Bi_2Se_3 为例，角分辨光电子能谱测量结果可以看到在 Dirac 点附近电子态能量与动量之间满足线性色散关系，如图 1-7a 所示。此外，在 Dirac 锥上形成自旋螺旋结构，如图 1-7b 所示。这种三维拓扑绝缘体表面态形成一种无有效质量的二维电子气，需要用 Dirac 方程来描述。正是由于这些新奇的重要特征使得拓扑绝缘体将有可能应用于未来的电子技术发展中，并且已经广泛引起了凝聚态物理和材料科学研究者的兴趣。

自 2009 年以来，针对具有极大应用价值的拓扑绝缘体研究的需要，人们开始从单晶体材料和薄膜两方面研究材料的制备。以 Bi_2Se_3 为例，如图 1-8a 所示，因其是 Ⅴ-Ⅵ族化合物半导体，具有斜方六面体结构，并且是一种层状材料，每个原胞都是由五层原子沿三重轴按 Se-Bi-Se-Bi-Se 交替密排的方式堆叠而成。其中，Bi 和 Se 原子以共价键结合，每两个原胞之间的 Se 原子层以范德瓦尔斯力结合，使得晶体容易沿两

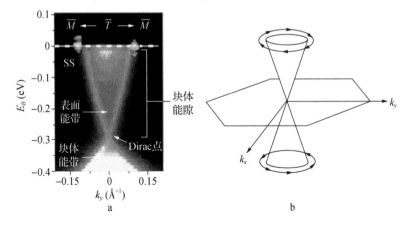

图 1-7 拓扑绝缘体 Bi₂Se₃ 的电子结构[41,43]

a：角分辨光电子能谱（ARPES）测量得到的拓扑绝缘体 Bi_2Se_3 的电子结构。$E_B = 0$ 为费米能级，可以看到，在体能带的带隙中有一个锥形的表面态，其 Dirac 点在布里渊区的中心 Γ（点）。而在这个 Dirac 锥的两侧，电子的自旋方向是相反的。b：理论上的 Bi_2Se_3 的电子结构，显示在 Dirac 锥的不同方向，自旋具有不同的取向

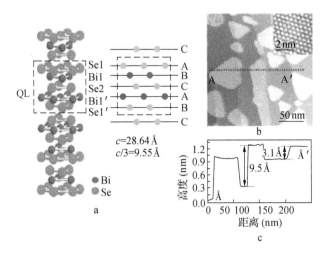

图 1-8 拓扑绝缘体 Bi₂Se₃ 结构示意[46]

a：拓扑绝缘体 Bi_2Se_3 的原子结构示意；b：使用分子束外延方法在 Si（111）表面获得的原子级平整 Bi_2Se_3 薄膜的典型形貌，表面上不满层的 Bi_2Se_3 形成三角形的岛；c：截面曲线测量得到的所有岛的高度都是 0.95 nm，对应于一个 Bi_2Se_3 原胞的尺寸

个原胞之间解理。这样制备 Bi_2Se_3 单晶材料就相对简单：将 Bi 和 Se 两种材料按适当比例混合，放在密封容器里，恒温加热使之晶化，再缓慢降温，即可得到 Bi_2Se_3 单晶材料。

薄膜对于电子器件研究的重要性是显而易见的，几乎所有半导体电子器件都是以薄膜为基础的，因此，人们很早就开始研究 Bi_2Se_3（Bi_2Te_3）薄膜的制备方法，如化合物蒸发法、溶剂热法[44]、气液反应合成法[45]、固相熔融法[43]等。2008 年，方忠等对 Bi_2Se_3（Bi_2Te_3）材料做了计算和研究，推断出这类层材料易于采用分子束外延方法制备单晶薄膜。接着，张光华等[46]在 Si 衬底上使用分子束外延方法成功制备出了 Bi_2Se_3 单晶薄膜。使用 Si（111）衬底有利于将拓扑绝缘体与当前半导体器件技术集成，并且 Si（111）面与 Bi_2Se_3 的（0001）面有相同的六方结构且晶格常数相差不大，利于获得高质量的单晶 Bi_2Se_3 材料。图 1-8b 是 STM 观察到的 Bi_2Se_3 表面形貌，具有"5 层原胞"的生长模式[46]。对于不完整层数的薄膜（即表面有"岛"或"孔洞"的情况），通过 STM 观察发现所有岛和孔洞的高度一致，都是 9.5 Å，对应于一个 Bi_2Se_3 原胞的尺寸，如图 1-8c 所示。单晶薄膜生长得到了广泛关注，中国科学院物理研究所的马旭村小组[47]、清华大学薛其坤小组及日本东京大学的长谷川修司小组[48]等也都利用分子束外延方法在硅衬底上制备出了 Bi_2Se_3 薄膜。根据薄膜厚度的变化，可以用角分辨光电子能谱仪观测到薄膜表面态带隙打开的现象。至此，三维拓扑绝缘体表面二维电子气的新奇特性引起了众多物理学家对其能带结构及输运性质的研究兴趣。

1.2　二维电子气体系的物理性质

随着凝聚态物理研究领域的扩展，这 3 类二维电子气体系分别以自己独特的性质引起了物理学家们的广泛关注。下面，我们就 3 类二维电子气的物理性质进行简要介绍。

半导体异质结二维电子气中电子迁移率极高，故其又被称为高迁移率二维电子气，这是很多性能优良的超高频或超高速场效应晶体管的工作基础。而且，调制掺杂异质结中的二维电子气即使处在极低温度下也不会被"冻结"。这源于二维电子气中自由电子与电离杂质中心在空间上是分离的，所以，即使在极低温度情况下，这些自由电子也不会回到杂质中心上去，它们也能够正常工作。这一性质为低温电子学的研究与发展奠定了基础。此外，整数[6]量子霍尔效应和分数[7]量子霍尔效应分别在反型异质结和半导体异质结二维电子气中发现。早在 1975 年，Kawaji 等首次测量了反型层的霍尔电导，1978 年 Klitzing 和 Englert 发现霍尔平台，但直到 1980 年，Klitzing[6]才注意到霍尔平台的量子化单位。Klitzing 等因此获得了 1985 年的诺贝尔物理学奖。1982 年，崔琦和 Stomer[7]又发现了具有分数量子数的霍尔平台，一年后，Laughlin[8]给出了一个波函数，对分数量子霍尔效应给出了很好的解释。量子霍尔效应的标志性特征是，在低温和强磁场下，异质结沟道中二维电子气的霍尔电导是一系列量子化的数值，即 $g_{xy} = je^2/h$，其中，j 为整数或分数，分别对应于整数与分数量子霍尔效应，如图 1-9 所示。

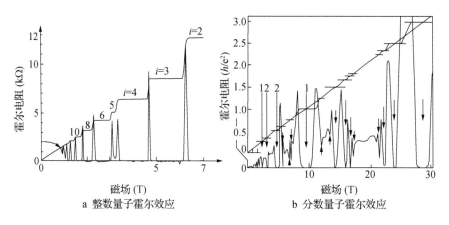

a 整数量子霍尔效应　　　　b 分数量子霍尔效应

图 1-9　整数与分数量子霍尔效应[5,7]

与半导体异质结二维电子气相比，在石墨烯二维电子气中，其自由电子是无质量的 Dirac 费米子。因为石墨烯是二维碳晶体，经过 sp^2 轨道杂化后，剩下一个悬挂的 π 电子，紧束缚近似下石墨烯的电子结构主要取决于 π 轨道电子。通过紧束缚模型计算可得，在 Dirac 点附近，电子能量与波矢呈线性关系，具有类似于光子的特性。因此，在石墨烯中，Dirac 点附近载流子的有效静质量为 0、速度 V_F 接近于光速的相对论粒子[3]，其电子性质需用 Dirac 方程进行描述，这是石墨烯二维电子气不同于一般金属导体或半导体异质结二维电子气的根本原因所在。

Katsnelson 等[49] 利用二维石墨烯验证了克莱因佯谬。在克莱因佯谬描述的环境里，不管势垒有多高或多宽，相对论粒子几乎可以无反射地穿透势垒[50]，就像粒子没有遇到任何障碍[51-54]。这是一种违反直觉的电子隧穿势垒的相对论过程，用基本粒子证明不了。因为只有高达 10^8 V/m 的电场才能产生超过电子静能 mc^2 两倍的势垒，然而这个条件很难实现。但克莱因佯谬所描述的现象在石墨烯中可以观察到。2006 年，Katsnelson 等基于石墨烯设计了一个克莱因隧穿实验，如图 1-10a 所示。他们让电子隧穿通过一个有限大小的矩形势垒：

$$V(x) = \begin{cases} V_0, & 0 < x < D \\ 0, & x < 0 \text{ and } x > D \end{cases} \tag{1-1}$$

发现当电子垂直入射时，透射系数为 1.0，完全没有反射，如图 1-10b 所示。这是无质量 Dirac 费米子的奇异特性，也直接验证了克莱因佯谬。

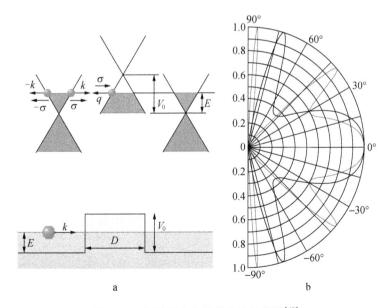

图 1-10 石墨烯中电子的克莱因佯谬[49]

石墨烯二维电子气在室温下观察到了量子霍尔效应。一直以来,只有在低温下量子霍尔效应才能被观察到。但是,特有的几何结构和线性色散关系注定了石墨烯二维电子气在研究量子霍尔效应方面更加具有优越性。由于其载流子的迁移率受杂质影响比较小,使室温下观察和利用量子霍尔效应成为现实[55,56]图 1-11a 和 b 所示分别是传统二维电子气的整数量子霍尔效应与石墨烯的半整数量子霍尔效应。

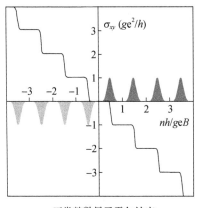 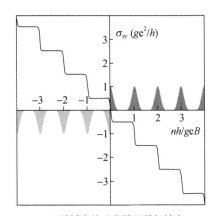

a 正常整数量子霍尔效应   b 石墨烯中的反常量子霍尔效应

图 1-11 正常与反常霍尔效应[57]

从图上我们可以看出,与传统量子霍尔效应不同的是石墨烯中的量子霍尔电导出现半整数量子化。这一现象可以从无质量 Dirac 费米子磁场下的朗道能级来分析,在磁场下其能量表达式[58,59]为:

$$E_N = v_F \sqrt{2e|\hbar BN}$$ (1-2)

式中:$v_F = 10^6$ m/s 是费米子速度, N 是朗道能级数。式中 N 为 0 对应零能态的朗道能级,而一般薛定谔电子的朗道能级是 $E_N = (N + 1/2)\hbar\omega_c$,其中, ω_c 是磁场中电子的回旋频率,显然其第一朗道能级会偏离零点能 $\hbar\omega_c/2$,并且所有朗道能级简并度相同,每个 N 对应一个霍尔电导平台。所以传统的量子霍尔电导平台出现在电子和空穴的转点处,且在零偏压下是绝缘体性质。但是在石墨烯中,零朗道能级的简并度是其他能级的一半,因此量子霍尔电导平台出现在半整数处,在电子与空穴转变处是连续变化的，并且在零偏压下仍是金属性质[56,57]。这就是石墨烯中的反常量子霍尔效应形成的原因。实际上，我们也可以从贝利（Berry）相这个角度来解释[59]这一反常现象，因石墨烯能带结构的特殊性，其准粒子波函数绕 Dirac 点旋转 360° 后，与原来波函数有一个 180° 的相位差，没办法重合，于是表现为量子霍尔电导半个平台的平移[56]。

依照 Abrahams 给出的单参数标度理论[60]，在极低温下单层石墨烯的最小电导率应该连续趋于零。但是，多数研究证明随着门电压或载流子浓度变化，其电导率趋于一个最小值 $4e^2/h$，即所谓的最小电导率[3]，如图 1-12 所示。由于不同的近似处理及对不同极限过程的依赖，理论上得到的结果大小有所差别，根据久保公式得到的最小电导率是 $4e^2/\pi h$，而 Cserti[61] 和 Ziegler[62] 等分别发现最小电导率为 $\pi e^2/2h$ 和 $\pi e^2/h$。在忽略自旋轨道耦合作用后，Nomura[63] 等发现石墨烯的最小电导率数值与实验结果基本一致。近期的研究还表明，其实石墨烯最小电导率的值与电子是弹道输运还是扩散输运有关，弹道输运情况下其最小电导率与样品尺寸相关，在短而宽的样品中最小电导率才是 $4e^2/\pi h$，而扩散输运情况下其最小电导率都约为 $4e^2/h$。到目前为止，针对石墨烯中最小电导率这个问题，实验上的数据还不能给出明确结论。但是，Novoselov 等[57]已经证明石墨烯的零带隙能谱和手征特性是其最小电导率的根本原因。

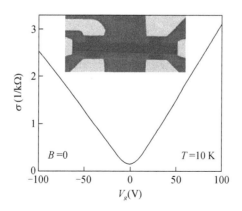

图 1-12　石墨烯的最小电导率[3]

最近，拓扑绝缘体表面形成的无有效质量的二维电子气也受到了广泛关注。它是一种新的量子物质态，其基本性质是由"量子力学"和"相对论"共同决定的。由于自旋轨道耦合作用，在表面上会产生无能隙的自旋分辨的金属态，并且受时间反演对称性的保护。这种表面形成一种无有效质量的二维电子气，它需要用零质量 Dirac 方程描述，而不是薛定谔方程。实验上通过研究 Bi_2Se_3 薄膜在低温强磁场下的扫描隧道谱，观测到了 Bi_2Se_3 表面态的朗道量子化，并发现朗道能级的能量与 $\sqrt{NB}$ 成正比。这也证明了拓扑绝缘体表面态的存在及其具有的二维无质量 Dirac 费米子的特征[64]。

量子霍尔效应是凝聚态物理发展中非常重要的量子现象。最近，对反常霍尔效应的研究取得了突破性的进展。基于第一原理计算和理论分析，方忠、戴希等[65]预言，通过对拓扑绝缘体薄膜材料（Bi_2Te_3、Bi_2Se_3 和 Sb_2Te_3）掺杂[66]过渡金属元素（Fe 或 Cr），就可以实现量子化的反常霍尔效应，如图 1-13 所示。因为，借助 Van Vleck 顺磁性，通过掺杂可以实现磁性的拓扑绝缘体，与稀磁半导体不同的是，这里不需要载流子体系仍保持绝缘体性质，所以不需要外加磁场和相应的朗道能级，只在适当温度和掺杂条件下就可以出现量子化的反常霍尔效应。这一特征为低能耗的电子器件设计指明了新的方向。

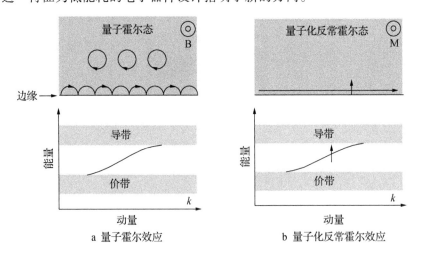

图 1-13 量子霍尔效应与量子化反常霍尔效应的比较示意

三维拓扑绝缘体表面二维电子气还具有不同于异质结量子阱而类似于石墨烯的性质。它的表面金属态是由体态的拓扑结构决定的，并且是受时间反演对称性保护的。表面态有奇数个 Dirac 点，如第二类拓扑绝缘体 Bi_2Se_3 的表面只有一个 Dirac 点，其哈密顿量可以写为[4]：

$$H_{\text{surf}} = \begin{bmatrix} 0 & v_F(k_y + ik_x) \\ v_F(k_y - ik_x) & 0 \end{bmatrix} \qquad (1-3)$$

虽然形式上看起来和石墨烯类似，但本质上有很大的不同。在石墨烯二维电子气中，哈密顿量里的两个分量对应于两个不等价的子格，而这里是表示被时间反演算符联系起来的真正自旋，即拓扑绝缘体的表面态是完全自旋极化的。此外，石墨烯表面态有两个不等价的 Dirac 点，但三维拓扑绝缘体表面有奇数个 Dirac 点，这是它们表面性质不同的根本原因。对于三维拓扑绝缘体 Bi_2Se_3、Bi_2Te_3 和 Sb_2Te_3[42] 来说，表面只有一个 Dirac 点，结构简单易于控制，为理论模型研究提供了很好的平台，是目前研究最多的三维拓扑绝缘体材料。

依据 z_2 拓扑分类，只有奇数个 Dirac 点的强拓扑绝缘体表面态具有对非磁性杂质的稳定性。由于表面态电子的自旋与动量紧密联系在一起，如果自旋向上的电子只能向左运动的话，那么自旋向下的电子就只能向右运动。同时，受时间反演对称性保护，即电子运动方向反向和自旋反向联合操作下系统保持不变。所以在轨道与自旋自由度锁定的前提下，电子就无法受到杂质的散射，也就是说，不管拓扑绝缘体的表面上有多少杂质，只要电子往某一方向运动，它就会克服一切障碍一直运动下去。并且实验[67,68]上，借助 STM 探针和 APRES 分别研究了 Bi_xSb_{1-x} 和 Bi_2Te_3 表面杂质附近的准粒子干涉条纹，通过对干涉条纹的傅里叶分析，发现了拓扑绝缘体表面态所特有的背散射缺失现象，这样也证实了其表面态对非磁性杂质是稳定的。

这类材料的体带隙非常大，如 Bi_2Se_3 的体带隙是 0.3 eV（等同于 3600 K），远远超出室温能量尺度。Bi_2Se_3 在高纯度形式下具有如此大的能隙，表明可以在室温或高温下观察到它的拓扑行为，非常有利于室温下低能耗自旋电子器件的设计和实现。并且这类材料容易制备，因为它们都是纯净的化合物，可通过化学计量制备出高纯度的样品。这些重要特征意味着拓扑绝缘体在未来的电子技术发展中有巨大的应用潜力。

1.3　二维电子气的应用背景

基于 $GaAs/Al_xGa_{1-x}As$ 的半导体异质结是目前最重要的半导体材料之一，在光电子和微电子领域有着广泛的应用[69]。由于异质结二维电子气具有禁带宽度宽及电子迁移率高的特点，可以直接用于光电子器件的设计和制造，如发光二极管、量子阱大功率激光器、可见光激光器等。同时，它还具有极低的载流子寿命和极高的光电导率，因而还被用于制作超快光电导开关。实验上测得不同激发波长或偏置电压下光电导开关瞬态响应弛豫时间为 350~390 fs，根据实验数据计算可得电子迁移率约为 1000 $cm^2/V \cdot s$，由瞬态光电流相关响应归一化表达式对实验曲线进行数据拟合后，发现结果与实验曲线非常吻合。而且，在微电子领域，基于 GaAs 半导体研制的集成电路及场效应管，具有频率高、功耗低、速度快和抗辐射等很多独特的优势，这些都有力地推动了信息技术的发展。

自巨磁阻效应[70]被发现以来，在此基础上开发的小型大容量计算机硬盘已得到广泛应用，这是纳米技术领域前途广阔的实际应用之一。因而磁调节半导体纳米结构的巨磁阻效应研究也成为凝聚态物理的热点，且最初都是构建在半导体异质结二维电子气上。这就意味着，对基于异质结二维电子气的磁调节纳米结构的巨磁阻效应的研究，将在磁记录、磁传感及自旋电子器件的设计等方面有着巨大应用前景，同时该材料会成为必不可少的信息功能材料。

继异质结二维电子气之后，石墨烯又被发现是一个非常独特的二维电子气系统。自 2004 年被发现以来，对于它的研究汹涌而来，且从未停止。例如，美国哥伦比亚大学 James 和 Lee 等[71]的研究表明石墨烯强度很高，比钻石还坚硬，是目前世界上已知的最坚固的材料。用一种形象的方式解释：如果把像食品保鲜膜一样薄的石墨烯薄片覆盖在一只杯子上，然后试图用一支铅笔戳穿它，那么需要一头大象站在铅笔上，才能戳穿只有保鲜膜厚度的石墨烯薄层。所以，一方面人们可以用石墨烯来制造出纸片般薄的超型飞机材料、航天器机身材料、柔性超薄电极等；另一方面它还可以用来制造出超坚韧的防弹衣，甚至还可以用来制造长达数万千米的太空电梯。

石墨烯二维电子气因具有较高的载流子迁移率[3]，其主要应用集中在纳米电子器件方面。例如，2005 年，Zhang 研究组[72]与 Novoselov 研究组[3]发现，在室温条件下，石墨烯中载流子迁移率是传统硅片的10 倍，进一步研究表明可以忽略温度和掺杂的影响，这使得基于石墨烯设计纳米电子器件具有突出的优势。因此，电子工程领域的室温弹道场效应管和超高频率的操作响应特性晶体管等有可能得以实现。普林斯顿大学的 Liang 研究组[20]还研究出一种在石墨烯基板上构建晶体管的方法。他们发现，石墨烯代替硅制成的电路，其速度提高了 10 倍，功耗更低，有更大的能量输出，并且设备可以更小。马里兰大学的物理学家也得到了同样的结果[73]，他们声称，未来石墨烯有可能代替硅而成为制造计算机芯片的材料。另外，石墨烯结构在纳米尺度仍能保持稳定，甚至只有一个六元环存在的情况下仍然可以稳定存在，这对开发分子级电子器件具有重要的意义。例如，Geim 研究组[74]成功研制出了在室温下可以操作的石墨烯基单电子场效应管，克服了纳米尺度材料的不稳定性引发的温度受限这一困难。除了这些应用，石墨烯为自旋电子学材料、复合材料、超导材料的开发提供了原动力，且还是研制太阳能电池板、电化学生物传感器、超级电容器等的理想材料。

除了以上两种二维电子气体系之外，拓扑绝缘体表面也会形成一种由体态拓扑性质决定的奇特二维电子气，并且需要用无质量 Dirac 方程来描述。同时，拓扑绝缘体与近几年的研究热点，如量子霍尔效应、自旋霍尔效应及石墨烯等是一脉相承的，都是通过研究物质中电子能带的拓扑性质来分析各种新奇物理特性。因此，拓扑绝缘体是一种新的物质形态，它展现出的应用前景已经引起了凝聚态物理和材料科学方面研究者的广泛关注。

拓扑绝缘体，作为对基础研究和应用研究均有极大价值的新材料，可以预见，在接下来的几年中，拓扑绝缘体材料在未来信息技术和电子器件设计领域蕴含着巨大应用潜力。

首先，大量理论工作已经预言了其中很多重要而有趣的性质和量子现象，如量子化反常霍尔效应、拓扑磁电效应、镜像磁单极等现象。这些量子现象使其很有希望应用于自旋电子器件设计和容错量子计算，而这两方面又将对信息技术的发展产生深远影响。

其次，电子自旋与动量的锁定使得体系中电子运动非常规律，就如同公路上高速运动的汽车一样，正向与反向的汽车各自沿着不同的道路行驶，互不干扰。在如此有序状态下运动的电子不会相互碰撞，能耗很低，为低功耗电子器件设计指明了方向。这类材料边缘态和表面态的类光输运性质也为构造类光电子器件提供了理论基础。并且边缘态是自旋极化的，因此还可能应用于量子信息存储器件的开发。所以，对拓扑绝缘体的研究不仅有利于理解凝聚态物质的基本物理特性，而且它所具有的这些迷人的特性让人们对制造新型的计算机芯片等元器件充满了期待，并且将来很有可能由此引发电子技术的新一轮革命。

最后，拓扑绝缘体量子薄膜的实现也为更深入的研究提供了材料基础。一方面，通过磁性掺杂在量子薄膜中可以观测到反常量子霍尔效应，并将很容易地应用到电子器件中去；另一方面，通过近邻效应使衬底的超导特性被导入拓扑绝缘体薄膜中之后，可以成功地实现超导电子对和拓扑表面态的共存，理论预言在这种体系中能够直接探测到 Majorana 费米子的存在。这一发现为探寻 Majorana 费米子提供了一个极具潜力的实验平台，也为进一步掌握和调控拓扑绝缘体的拓扑电子态找到了重要的突破口。

总之，对于各种二维电子气体系的研究展现出了广阔的应用前景。虽然还存在有待解决的问题，但长远看来，对于这类体系的研究非常有利于未来电子学的发展。可以说，这是一个会持续很久并不断有新发现的研究领域，因此，进一步深入地研究其各方面物理性质非常有科学意义，尤其是铁磁近邻作用下二维电子气体系的输运性质。

1.4 本书选题与主要研究内容

不同的二维电子气体系既有其相似处也有其不同点，全面深入地研究其物理性质对于纳米器件的设计有很大帮助。从上面提到的应用角度来看，近年来基于这几种典型二维电子气体系的物理性质也得到了广泛的关注。另外，三类不同的二维电子气体系的自旋相关输运性质研究在自旋电子学方面也具有广泛的应用前景。尽管人们已对其中的一些基本理论问题有了较为清晰的认识和理解，但仍然存在许多问题值得我们去研究和探索。例如，基于半导体异质结的自旋相关输运性质、铁磁近邻作用下石墨烯及其纳米条带系统的输运性质、新兴的拓扑绝缘体表面电子的输运性质及自旋分布等问题，仍然值得我们研究。本书较系统地研究了半导体异质结、石墨烯、三维拓扑绝缘体表面这 3 类二维电子气体系在铁磁近邻作用下的自旋相关输运性质。

本书分别从每个体系的哈密顿量出发，利用转移矩阵方法和 Landauer-Büttiker 公式，对铁磁近邻作用下的异质结二维电子气体系、石墨烯二维电子气体系及其纳米条带、三维拓扑绝缘体表面二维电子气体系中电子输运性质进行了较系统的理论研究，得到了一系列有意义的结果，为其在纳米电子器件、自旋量子器件等领域的应用提供一些理论指导。

第一章为绪论。第二章，我们介绍了介观输运研究中常用的转移矩阵和 Landauer-Büttiker 公式。第三章至第五章是我们研究的主要内容。第三章，我们利用薛定谔方程较系统地研究了半导体异质结二维电子气在外加不一致磁垒调节下的自旋相关输运性质。具体内容包括：在平行和反平行构型下，隧穿磁垒的自旋向上和自旋向下电子的电导及磁阻的变化特征。第四章，首先我们研究了石墨烯及其纳米条带的能带结构，然后利用 Dirac 方程和转移矩阵方法，推导计算了两个可调节的磁垒作用下石墨烯及其扶手椅型纳米条带的输运性质。具体内容包括：在平行和反平行的两个磁垒的调节下，电导随磁垒高度、宽度、间隔变化的关系及相应磁阻的变化特征。第五章是我们研究的重点内容，从体系哈密顿量出发，利用转移矩阵方法，推导计算了电磁超晶格作用下三维拓扑绝缘体表面电子的输运性质及电子自旋分布。具体内容包括：在平行和反平行超晶格作用下的透射系数及电导随磁垒高度、电垒高度变化的关系，以及电子自旋在动量空间及实空间的分布等。

第二章　介观输运理论中的转移矩阵方法

2.1　介观输运理论

对于客观物质，我们一般分为两个层次，即宏观层次和微观层次，可以分别用经典力学和量子力学来描述其物理规律。宏观体系，由于本身尺寸远大于电子的平均自由程和相干长度，电子在输运过程中频繁受到晶格、杂质、边界、光子及其他电子的散射，这种宏观输运叫作扩散输运（diffusive transport），如图 2-1a 所示，用欧姆定律来描述其规律。

但是，到了介观层次，因材料的几何尺寸小到可以与其平均自由程相比较，除了少数边界的弹性散射，电子在输运过程中几乎不受到其他

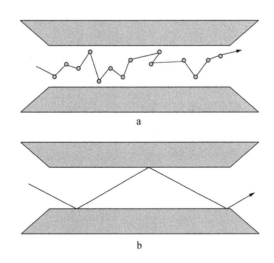

图 2-1　电子的扩散输运和弹道输运示意

a：电子的扩散输运示意，电子在运动中不断受到无规散射，从而损失相位记忆；

b：电子的弹道输运示意，电子在运动中除受到边界的弹性散射外，相干性得以保持

的散射，显示出了明显的波动性。一般用状态波函数描述电子的传播，其中一部分是它的振幅，其平方表示电子在该点出现的概率，另一部分是它的位相，表示电子的量子相干。电子的这种输运被称为弹道输运[5]（ballistic transport），如图 2-1b 所示。由于介观体系中粒子输运的相干性，出现了许多新的现象，如 Aharonor-Bhom 效应、电导量子化、介观环中的持续电流、普适电导涨落等。

"介观"（mesoscopic）这个词汇，由 Van Kampen[75]于 1981 年所创，指的是介乎于微观和宏观之间的尺度。在这种系统中，电子的位相相干长度可达到微米量级以上，超过了微结构的尺度，电子的性质完全受量子力学规律所支配，人们把这种尺度介于微观和宏观之间的体系称为介观系统，研究介观层次的物理被称为介观物理，其量子输运现象被称为介观量子输运或简称介观输运（mesoscopic transport）。20 世纪 80 年代以来，微加工技术已经可以精确到亚微米，甚至纳米尺度，这为介观物理的研究提供了良好的实验条件，也是介观物理迅速发展起来的原因。

2.2　转移矩阵

在研究介观体系的输运性质时，经常要用到 Landauer-Büttiker 公式求体系的输运电导，虽然该公式非常简洁，但关键问题就是要知道体系的透射率表达式，这个问题一般是非常复杂的，尤其是在不均匀势调节下横向模式较多时。所以，将 Landauer-Büttiker 公式与其他方法结合起来，已成为研究介观体系输运性质的主要途径。常用的有格林函数（Green's function）方法[5]、散射矩阵（scattering matrix）方法[76]、转移矩阵（transfer matrix）方法[77]、费米子的波色子化（bosonizition）方法等。这些方法各有所长，其中转移矩阵和散射矩阵方法因物理概念明确，容易在计算机上计算，应用范围较广。下面我们主要介绍转移矩阵方法计算的基本过程。

转移矩阵方法[77]的核心是将结构区电子受到的不规则调节势划分为若干细小的区域，由于分成的每个区域都很小，势垒在每个小区域的变化不大，因而可以近似地看成常数，于是在每个小区域内电子的波函数可取为平面波形式。然后，再根据波函数的边界连续性，可以将调节势两边的入射波与出射波联系起来，从而计算透射系数。

设有一能量为 E、质量为 m 的粒子隧穿任意形状、不规则势垒 $U(x)$，如图 2-2 所示。

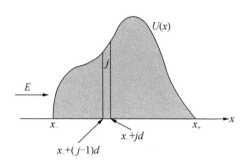

图 2-2　粒子隧穿任意形状势垒

该势垒的左右端分别在 x_- 和 x_+ 的位置。那么粒子在势垒区满足的 Schrödinger 方程为：

$$\frac{d^2\Psi}{dx^2} + \frac{2m[E - U(x)]}{\hbar^2}\Psi(x) = 0 \qquad (2-1)$$

式中：$x_- < x < x_+$。因为势垒 $U(x)$ 不规则，对公式（2-1）不能严格求解，我们求助于数值计算方法。首先，我们把这一不均匀势 $U(x)$（$x \in [x_-, x_+]$）分割为 N 个相同宽度的小部分，每一部分的宽度是 $d = \dfrac{x_+ - x_-}{N}$，又因为 $d \ll 1$，我们可以把每一部分的势看成不变，即取为常数。在第 j 个小区间 $[x_- + (j-1)d, x_+ + jd]$ 内，势取为 $U[x_- + (j-0.5)d]$，其中，$j = 1, 2, 3, \cdots, N$。则在该区域内，粒子的 Schrödinger 方程为：

$$\frac{d^2\Psi}{dx^2} + \frac{2mE - U[x_- + (j-0.5)d]}{\hbar^2}\Psi(x) = 0 \qquad (2-2)$$

此时，方程的解为平面波形式，设为：

$$\Psi_j(x) = c_j e^{ik_j x} + d_j e^{-ik_j x}, x \in [x_- + (j-1)d, x_- + jd] \qquad (2-3)$$

式中：c_j 和 d_j 是波函数的两个系数，波矢：

$$k_j = \sqrt{\dfrac{2mE - U[x_- + (j - 0.5)d]}{\hbar^2}} \qquad (2\text{-}4)$$

在每个势垒区间的边界处，波函数及其一阶导数连续，故有：

$$\psi_j(x) = \psi_{j+1}(x), x = x_- + jd$$
$$\psi_j'(x) = \psi_{j+1}'(x), x = x_- + jd \qquad (2\text{-}5)$$

对于第 j 部分的左边 $[x_{j_-} = x_- + (j-1)d]$，将波函数带入，可得：

$$\begin{cases} c_{j-1}e^{ik_{j-1}x_{j-}} + d_{j-1}e^{-ik_{j-1}x_{j-}} = c_j e^{ik_j x_{j-}} + d_j e^{-ik_j x_{j-}} \\ c_{j-1}k_{j-1}e^{ik_{j-1}x_{j-}} - d_{j-1}k_{j-1}e^{-ik_{j-1}x_{j-}} = c_j k_j e^{ik_j x_{j-}} - d_j k_j e^{-ik_j x_{j-}} \end{cases}$$

写成矩阵的形式为：

$$\begin{bmatrix} e^{ik_{j-1}x_{j-}} & e^{-ik_{j-1}x_{j-}} \\ k_{j-1}e^{ik_{j-1}x_{j-}} & -k_{j-1}e^{-ik_{j-1}x_{j-}} \end{bmatrix} \begin{bmatrix} c_{j-1} \\ d_{j-1} \end{bmatrix} = \begin{bmatrix} e^{ik_j x_{j-}} & e^{-ik_j x_{j-}} \\ k_j e^{ik_j x_{j-}} & -k_j e^{-ik_j x_{j-}} \end{bmatrix} \begin{bmatrix} c_j \\ d_j \end{bmatrix}$$

$$(2\text{-}6)$$

对第 j 部分的右边 $[x_{j_+} = x_- + jd]$，将波函数带入，可得：

$$\begin{cases} c_j e^{ik_j x_{j+}} + d_j e^{-ik_j x_{j+}} = c_{j+1}e^{ik_{j+1}x_{j+}} + d_{j+1}e^{-ik_{j+1}x_{j+}} \\ c_j k_j e^{ik_j x_{j+}} - d_j k_j e^{-ik_j x_{j+}} = c_{j+1}k_{j+1}e^{ik_{j+1}x_{j+}} - d_{j+1}k_{j+1}e^{-ik_{j+1}x_{j+}} \end{cases}$$

写成矩阵的形式为：

$$\begin{bmatrix} e^{ik_j x_{j+}} & e^{-ik_j x_{j+}} \\ k_j e^{ik_j x_{j+}} & -k_j e^{-ik_j x_{j+}} \end{bmatrix} \begin{bmatrix} c_j \\ d_j \end{bmatrix} = \begin{bmatrix} e^{ik_{j+1}x_{j+}} & e^{-ik_{j+1}x_{j+}} \\ k_{j+1}e^{ik_{j+1}x_{j+}} & -k_{j+1}e^{-ik_{j+1}x_{j+}} \end{bmatrix} \begin{bmatrix} c_{j+1} \\ d_{j+1} \end{bmatrix}$$

$$(2\text{-}7)$$

为简化表达式，我们令：

$$M_{(j-1)_+} = \begin{bmatrix} e^{ik_{j-1}x_{j-}} & e^{-ik_{j-1}x_{j-}} \\ k_{j-1}e^{ik_{j-1}x_{j-}} & -k_{j-1}e^{-ik_{j-1}x_{j-}} \end{bmatrix} \qquad (2\text{-}8)$$

$$M_{j_-} = \begin{bmatrix} e^{ik_j x_{j-}} & e^{-ik_j x_{j-}} \\ k_j e^{ik_j x_{j-}} & -k_j e^{-ik_j x_{j-}} \end{bmatrix} \qquad (2\text{-}9)$$

$$M_{j_+} = \begin{bmatrix} e^{ik_j x_{j+}} & e^{-ik_j x_{j+}} \\ k_j e^{ik_j x_{j+}} & -k_j e^{-ik_j x_{j+}} \end{bmatrix} \qquad (2\text{-}10)$$

$$M_{(j+1)-} = \begin{bmatrix} e^{ik_{j+1}x_{j+}} & e^{-ik_{j+1}x_{j+}} \\ k_{j+1}e^{ik_{j+1}x_{j+}} & -k_{j+1}e^{-ik_{j+1}x_{j+}} \end{bmatrix} \qquad (2-11)$$

则公式（2-7）和公式（2-9）可以简化为：

$$\begin{bmatrix} c_{j-1} \\ d_{j-1} \end{bmatrix} = M_{(j+1)+}^{-1} M_{j-} \begin{bmatrix} c_j \\ d_j \end{bmatrix}, \begin{bmatrix} c_j \\ d_j \end{bmatrix} = M_{j+}^{-1} M_{(j+1)+} \begin{bmatrix} c_{j+1} \\ d_{j+1} \end{bmatrix} \qquad (2-12)$$

即：

$$\begin{bmatrix} c_{j-1} \\ d_{j-1} \end{bmatrix} = M_{(j-1)+}^{-1} M_{j-} M_{j+}^{-1} M_{(j+1)-} \begin{bmatrix} c_{j+1} \\ d_{j+1} \end{bmatrix} \qquad (2-13)$$

再令：

$$M_j = M_{j-} M_{j+}^{-1} \qquad (2-14)$$

则：

$$\begin{bmatrix} c_{j-1} \\ d_{j-1} \end{bmatrix} = M_{(j-1)+}^{-1} M_j M_{(j+1)-} \begin{bmatrix} c_{j+1} \\ d_{j+1} \end{bmatrix} \qquad (2-15)$$

且有：

$$M_j = \begin{bmatrix} e^{ik_j x_{j-}} & e^{-ik_j x_{j-}} \\ k_j e^{ik_j x_{j-}} & -k_j e^{-ik_j x_{j-}} \end{bmatrix} \begin{bmatrix} e^{ik_j x_{j+}} & e^{-ik_j x_{j+}} \\ k_j e^{ik_j x_{j+}} & -k_j e^{-ik_j x_{j+}} \end{bmatrix}^{-1}$$

$$= \begin{bmatrix} \cos(k_j d) & -\dfrac{i}{k_j}\sin(k_j d) \\ -ik_j\sin(k_j d) & \cos(k_j d) \end{bmatrix} \qquad (2-16)$$

这里的 M_j 就是第 j 个转移矩阵。同理，我们可以得到从左到右所有的转移矩阵，共有 $N-1$ 个，加上端头 2 个矩阵，就是 $N+1$ 个矩阵连乘，这样就能得到联系入射波幅和透射波幅的关系表达式，进而再去计算透射率。

假设粒子是从左边入射，那么在势垒的左侧，即 $x < x_-$ 的区域内，既有入射波也有反射波。但在势垒的右侧，即 $x > x_+$ 的区域内，只有透射波，所以波函数可以写为：

$$\Psi(x) = \begin{cases} e^{ik_0 x} + re^{-ik_0 x}, & x < x_- \\ te^{ik_0 x}, & x > x_+ \end{cases} \qquad (2-17)$$

为方便计算，式中取入射波的波幅为 1。下面根据概率流密度公式：

$$j_x = \frac{\hbar}{2mi}(\Psi^* \frac{\partial \Psi}{\partial x} - \Psi \frac{\partial \Psi^*}{\partial x}) \qquad (2\text{-}18)$$

可得粒子的入射流密度为：

$$j_i = \frac{\hbar}{2mi}(e^{-ik_0 x}\frac{\partial}{\partial x}e^{ik_0 x} - c.c) = \frac{hk_0}{m} = \nu \qquad (2\text{-}19)$$

相应地，反射流密度为：

$$j_r = |r|^2 \nu \qquad (2\text{-}20)$$

透射流密度为：

$$j_t = |t|^2 \nu \qquad (2\text{-}21)$$

所以透射系数就是：

$$T = \left|\frac{j_t}{j_i}\right|^2 \nu \qquad (2\text{-}22)$$

这就是利用转移矩阵求体系透射率的基本过程。而散射矩阵的基本思想是，把每个区域的左行波和右行波用散射矩阵联系起来，进而得到体系总的散射矩阵和透射率。相比较而言，转移矩阵更容易理解，本书中我们都采用转移矩阵来计算体系的透射率，再求电导及磁阻等。

2.3 Landauer-Büttiker 公式

由于电子的量子相干性，介观体系的输运具有很多新奇的特性。例如，电阻的非局域性，串联系统的电导和并联系统的电导是不可加的，每个系统特有的非周期振荡磁阻和普适电导涨落等。又因为介观结构尺度不断缩小并接近各种描述固体属性的特征长度，输运过程中电子波函数表现出明显的量子属性。所以，对于一些弹道输运的介观系统，用以前的 Kubo 线性响应理论处理起来很不方便。而日渐完善的 Landauer-Büttiker 输运理论因考虑了波函数相位对输运的影响，可以成功地用于介观结构中各种量子相干输运研究。

1957 年，Landauer[78] 在研究一段无序导体的电导时，将无序导体简化成有一定透射率 $T(E)$ 和反射率 $R(E)$ 的散射势垒，并在它两端通过两个理想导体和端电极相连，这样就通过接触端给无序导体加上了电压。同时考虑电子的自洽屏蔽，得到了由散射势垒本身引入的电导，即：

$$G_L = G_0 \frac{T}{R} \qquad (2-23)$$

式中：$G_0 = 2e^2/h$ 是电导量子，e 为电子电量，h 为普朗克常数，2 来源于电子的自旋自由度。这个公式被称为 Landauer 公式。从上式我们可以看出，当 $T \to 1$ 时，R 趋于 0，电导趋于无穷大，体系就是一个理想导体。但是，人们往往不关心系统势垒形成的电导，而只是对端电极之间的总体输运性质感兴趣，因为只有它在实验上才可以观测到。后来，Büttiker 把在端电极上测得的电导与体系内电子的透射率联系起来，得到：

$$G_B = G_0 T \qquad (2-24)$$

公式（2-24）通常被称为 Büttiker 公式。尽管这两个公式看起来极其相似，但是这里即使 $T = 1$，体系电导仍为有限值，这一点与公式（2-23）明显不同。因此，Büttiker 公式给出的电导是电子库两端的电导，即接触电导。实验上所测量的电导一般是该公式给出的电导。我们可以通过下式将公式（2-23）和公式（2-24）联系起来：

$$G_B^{-1} = G_L^{-1} + G_0^{-1} \qquad (2-25)$$

公式（2-25）被称为 Landauer-Büttiker 公式[78,79]。从表达式上来看，体系总电导 G_B 可以看作是两个电导（G_L, G_0）的串联。根据 Sharvin 早年对接触电导的研究，也可以认为 G_0 是导线与电极的接触电导。在实际中运用的主要是公式（2-24），考虑有磁垒调节的纳米结构，在零温时计算体系的输运电导，Landauer-Büttiker 公式可以写为[80]：

$$G(E_F) = G_0 \int_{-\pi/2}^{\pi/2} T(E_F, \sqrt{2E_F}\sin\theta)\cos\theta d\theta \qquad (2-26)$$

式中：$G_0 = 2e^2 m_e^* v_F L_y / h^2$，$E_F$ 是费米能量，θ 是入射电子方向和 x 方向之间的夹角，v_F 是费米速度，L_y 是磁调节体系在 y 方向的尺度。

本书我们利用公式（2-26）系统地研究了 3 类典型二维电子气体系在铁磁近邻作用下的电导，并在此基础上探讨了体系的输运性质。

第三章 半导体异质结二维电子气

3.1 研究背景

自从巨磁阻效应[70]被发现以来，磁调节下半导体异质结二维电子气中的电子输运性质研究引起了广泛关注。实验上[81]已经证明，磁调节的隧穿结构可以通过在二维电子气表面沉积铁磁导体条或超导条来实现。在此基础上，已经有很多工作研究了在各种磁电调节下[82,83]体系的输运性质。例如，二维电子气体系在反平行磁电垒和倾斜磁场的调节下呈现出共振隧穿和波矢过滤性质。除了不均匀半导体[84]中的负磁阻效应，二维电子气在周期磁场[85]与磁电垒调节下[86]的巨磁阻效应也已经被证明，同时还发现磁隧穿结构中的磁阻与偏压、势垒的高度和宽度等紧密相关。此外，研究还表明自旋极化效应[87-89]也与磁化方向、偏压、电子入射能量等有关，并且可以通过外加电场[90]和磁垒[91]或偏压[92]来有效调控自旋极化。以上这些研究结果都有助于自旋存储记忆器件和自旋晶体管[93]的设计。

然而，以前的工作很少有考虑到磁垒[94]调节下自旋对电导和磁阻的影响。我们注意到，因塞曼项的值相对较小，以前的工作中体系哈密顿量里都忽略了这一项。但是研究发现，对于一致的磁垒调节来说，自旋向上和自旋向下的电导是重合的，而不一致的磁垒调节可以使自旋相关电导分离。我们就针对这个问题，从理论上研究了磁调节下二维电子气的自旋相关输运，探讨了如何得到自旋明显分离的输运电导和磁阻。

3.2 磁垒调节下自旋相关电导与磁阻

3.2.1 模型描述与公式推导

半导体异质结二维电子气的磁调节一般是通过在其表面加铁磁条来实现，且磁化方向的不同可以形成平行和反平行两种构型，如图 3-1a 和 c 所示。如果加匀强磁场，会导致体系哈密顿量里有个坐标变量，且将会导致边缘态出现，我们在此不考虑这种情况。磁化方向和二维电子气表面夹角 θ 可任意取值，形成随 x 方向变化的不均匀垂直磁场。如果 $\theta = 0$，则可以近似为简单的 δ 函数磁垒[85,86,94-96]，在此我们取：

$$B_z(x) = B_0\gamma_1\big[\delta(x - 81.3) - \delta(x - 81.3 - d_1)\big] + \lambda B_0\gamma_2$$
$$\big[\delta(x - 81.3 - d_1 - w - d_2) - \delta(x - L)\big]$$

如图 3-1b 和 d 所示，两磁垒的宽度分别为 d_1 和 d_2，磁垒间隔为 w，则 $L = 81.3 + d_1 + w + d_2$，λ 为 1 或 -1 对应于磁化方向的平行或反平行。在此基础上，我们研究了两个不一致 δ 磁垒调节下二维电子气的自旋相关输运性质。

在有效质量近似下，体系的哈密顿量为：

$$H = \frac{1}{2m^*}\big[\boldsymbol{P} + e\boldsymbol{A}(x)\big]^2 + \frac{e\hbar g^*}{4m^*}\sigma_z B_z(x) \qquad (3-1)$$

式中：m^* 是电子的有效质量，e 是电子电荷的绝对值，$\boldsymbol{P}$ 是动量算符，g^* 是半导体异质结二维电子气中电子的有效朗道因子，σ_z 为 1 或 -1 代表电子自旋向上或自旋向下。体系哈密顿量沿 y 方向不变，因此，总的波函数可以写为 $\Psi(x, y) = e^{ik_y y}\Phi(x)$，其中，$k_y$ 是 y 方向的布洛赫波矢，引入回旋频率 $\omega_c = \dfrac{eB_0}{m^*}$ 和磁长度 $l_B = \sqrt{\dfrac{\hbar}{eB_0}}$，所有的物理量可以无量纲化，即 $B_z(x) \to B_z(x)B_0$，坐标 $\boldsymbol{r} \to \boldsymbol{r}l_B$，磁矢势 $\boldsymbol{A}(x) \to \boldsymbol{A}(x)B_0 l_B$，能量 $E \to E\hbar\omega_c$。对于 $Al_xGa_{1-x}As/GaAs$ 半导体异质结，$g^* = 0.44$，电子的有效质量 $m^* = 0.067\, m_e$（m_e 是电子静止质量），所以在 $B_0 = 0.1\, T$ 的条件下，磁长度和能量量子化单位分别是

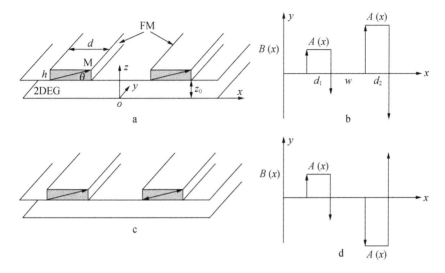

图 3-1　二维电子气表面磁垒构型

a：磁化方向平行示意，磁化方向与二维电子气的夹角为 θ，磁化强度 M，两磁条的宽度分别为 d_1 和 d_2，厚度为 h，磁条与二维电子气之间的距离为 z_0；b：磁化方向平行情况下产生的垂直磁场；c：磁化方向反平行示意，参数同 a；d：磁化方向反平行情况下产生的垂直磁场，参数同 b

$l_B = 81.3$ nm 和 $E_0 = \hbar\omega_c = 0.17$ meV。

把波函数 $\Psi(x,y) = e^{ik_y y}\Phi(x)$ 带入哈密顿量公式（3-1）中，无量纲化后薛定谔方程变为：

$$\left\{\frac{d^2}{dx^2} - [k_y + A(x)]^2 - g^*\sigma_z B_z(x)/2 + 2E\right\}\Phi(x) = 0 \quad (3-2)$$

我们定义 $K^2 = 2E - [k_y + A(x)]^2 - g^*\sigma_z B_z(x)/2$，则公式（3-2）可以简化为 $[d^2/dx^2 + K^2]\Phi(x) = 0$。这里磁调节是限制在范围 $0 \leqslant x \leqslant L$ 内，我们把这个不均匀势分成 N 等份，每一份的宽度为 $d = L/N$，在 $x < 0$ 和 $x > L$ 范围内，矢势 $A(x)$ 是零，在矢势调节范围内第 j 部分，即 $x \in [jd, (j+1)d]$，$A(x_j)$ 取为常数。因此，波函数 $\Phi(x)$ 可以表示为：

$$\Phi(x) = \begin{cases} c_l e^{iK_l x} + d_l e^{-iK_l x}, & x < 0 \\ c_j e^{iK_j(x-jd)} + d_j e^{-iK_j(x-jd)}, & j = 1,2,\cdots,N; 0 \leqslant x \leqslant L \\ c_r e^{iK_r(x-L)} + d_r e^{-iK_r(x-L)}, & x > L \end{cases}$$

$$(3-3)$$

式中：$K_l = K_r = \sqrt{2E - k_y^2}$，$K_j = \sqrt{2E - [k_y + A(x)]^2 - \dfrac{g^* \sigma_z B_z(x)}{2}}$，

其中，$x_j = jd$，c_α 和 $d_\alpha (\alpha = l,r,j)$ 是波函数系数。

根据波函数及其一阶导数在不同区域的边界（$x = 0,1d,2d,\cdots,(j+1)d$，$\cdots,L$）连续，应用转移矩阵方法，我们可以得到从左到右波函数系数之间的关系式：

$$\begin{bmatrix} c_r + d_r \\ c_r - d_r \end{bmatrix} = \begin{bmatrix} \cos(K_N d) & i\sin(K_N d) \\ i(K_N/K_r)\sin(K_N d) & (K_N/K_r)\cos(K_N d) \end{bmatrix} \prod_{j=1}^{N-1} M(j)$$

$$\begin{bmatrix} \cos(K_l d) & i\sin(K_l d) \\ i(K_l/K_1)\sin(K_l d) & (K_l/K_1)\cos(K_l d) \end{bmatrix} \begin{bmatrix} c_l + d_l \\ c_l + d_l \end{bmatrix}$$

$$(3-4)$$

这里：

$$M(j) = \begin{bmatrix} \cos(K_j d) & i\sin(K_j d) \\ i(K_j/K_{j+1})\sin(K_j d) & (K_j/K_{j+1})\cos(K_j d) \end{bmatrix} \quad (3-5)$$

是不同区域的转移矩阵，最终公式（3-4）可以化简为：

$$\begin{bmatrix} c_r + d_r \\ c_r - d_r \end{bmatrix} = \begin{bmatrix} m_{11} & m_{12} \\ m_{21} & m_{22} \end{bmatrix} \begin{bmatrix} c_l + d_l \\ c_l + d_l \end{bmatrix} \quad (3-6)$$

式中：$m_{ij}(i,j = 1,2)$ 是从势垒左边到右边 $N+1$ 个矩阵连乘所得矩阵的矩阵元，又因为在势垒右边只有透射波，即 $d_r = 0$。所以，我们可以从公式（3-6）得到穿过势垒的自旋相关透射率：

$$T_\sigma(E_F,k_y) = 1 - \left| \frac{d_l}{c_l} \right|^2 = 1 - \left| \frac{m_{11} + m_{12} - m_{21} - m_{22}}{m_{12} + m_{21} - m_{11} - m_{22}} \right|^2 \quad (3-7)$$

然后，我们根据 Landauer-Büttiker 公式[80]：

$$G_\sigma = G_0 \int_{-\pi/2}^{\pi/2} T_\sigma(E_F, \sqrt{2E_F}\sin\theta)\cos\theta d\theta \quad (3-8)$$

可以计算出体系的自旋相关输运电导，这里 $G_0 = 2e^2 m^* v_F l_y / \hbar^2$ 是电导量子化单位，其中，v_F 是费米速度，l_y 是 y 方向的结构长度，E_F 是费米能量，θ 是入射方向和 x 方向的夹角。此外，定义 $(MRR)_\sigma = (G_{\sigma P} - G_{\sigma AP})/G_{\sigma AP}$ 为磁阻比率，式中 $G_{\sigma P}$ 和 $G_{\sigma AP}$ 是平行和反平行构型下的电导[97]。

3.2.2　结果与讨论

根据转移矩阵方法和 Landauer-Büttiker 公式，我们做出了磁垒调节下 $Al_x G_{1-x} As/GaAs$ 异质结二维电子气的自旋相关电导 G_σ 和磁阻比率 $(MRR)_\sigma$ 关于费米能量的函数图像，两磁垒的高度分别是 $B_{z1} = 1$ 和 $B_{z2} = 5$。当两磁垒间隔为 81.3 nm 时，如图 3-2a 所示。当磁化方向平行时，自旋向上和自旋向下的电导随着费米能量的增加交替上升，自旋向上电导在 $3.9 < E_F/E_0 < 5.5$ 范围内小于自旋向下电导，而在 $5.5 < E_F/E_0 < 7.0$ 范围内大于自旋向下电导，但在低能量范围，即 $0 < E_F/E_0 < 2.8$，自旋向上和自旋向下电导都几乎为零。当磁化方向变为反平行时，如图 3-2b 所示，自旋向上和自旋向下电导也是随着费米能量的增加而交替上升。不同的是，反平行情况下电子受到更强的抑制作用，有更宽一部分能量范围几乎被禁止导通，即在 $0 < E_F/E_0 < 3.5$ 范围内自旋向上和自旋向下电导都几乎为零。由于磁调节下体系中的束缚态效应，反平行情况下的衰减效应比平行情况下更强，在同样的能量范围，平行情况下的电导是有限值，而反平行情况下的电导几乎为零，导致体系在某些能量范围内出现了大的磁阻效应，如图 3-2a 和 b 所示的 $2.8 < E_F/E_0 < 3.5$ 区域。相应地，在图 3-2c 中，我们给出了自旋相关磁阻比率关于费米能量的函数图像，从图上我们可以看到，自旋向上和自旋向下磁阻都在 $E_F/E_0 = 3.15$ 处有一个最高峰。除此之外，在 $E_F/E_0 = 0.37$ 或 4.4 附近还有两个较小的振荡峰。然而，自旋向下磁阻比率的最大值（大约 5300%）要大于自旋向上（大约 2500%）。

为了比较分析不一致磁垒调节下电子的自旋相关输运性质，我们又给出了当两磁垒间隔变为原来的 3 倍后体系的电导和磁阻比率，即 $w = 243.9$ nm，如图 3-3a 和 b 中所示，在平行和反平行情况下，自旋向上

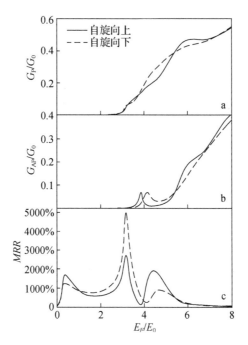

图3-2　磁化方向平行和反平行情况下自旋相关电导和

磁阻比率关于费米能量的函数图像

a：平行情况下自旋相关电导；b：反平行情况下自旋相关电导；c：磁阻比率关于费米能量的
函数图像结构参数 $w = 81.3$ nm 和 $L = 243.9$ nm，且第一个磁垒强度为1，第二个磁垒强度为5

和自旋向下电导同样随着能量的增加交替上升。不同的是，在两磁垒间隔变宽后，间隔区域内右行波和左行波的干涉增强，使得电导随能量上升过程中交替振荡更加频繁，这与参考文献［94］中的结果一致。同理，由于反平行情况下电子受到的抑制作用更强，导致了较大的磁阻效应。相应地，我们做出了在此间隔下的自旋相关磁阻比率关于费米能量的函数图像，如图3-3c所示，在 $E_F/E_0 = 3.15$ 处的振荡峰要比间隔较小时的低，而在 $E_F/E_0 = 4.2$ 处的峰要比间隔较小时更高、更尖锐，即隧穿中的振荡增强使得最高峰右移到了更高的能量范围。此外，自旋向上磁阻比率的最大值（大约3800%）要大于自旋向下（大约2800%），并且振荡更加频繁。通过以上结果，我们可以看出当磁垒间隔变大时，电子隧穿过程中的散射较强，导致磁阻比率振荡加强并且其值变小，这

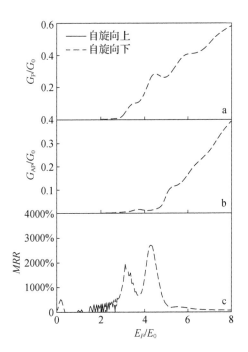

图3-3　磁化方向平行和反平行情况下自旋相关电导和

磁阻比率关于费米能量的函数图像

a：平行情况下自旋相关电导；b：反平行情况下自旋相关电导；c：磁阻比率

关于费米能量的函数图像结构参数是 $w = 243.9$ nm 和 $L = 569.1$ nm，

且第一个磁垒强度为1，第二个磁垒强度为5

和参考文献［86］中的"Fig. 2"比较类似。由于塞曼项的值与材料朗道因子及体系结构参数有关，这里自旋相关电导和磁阻比率的分离没有足够大，但是我们可以通过选择合适的结构参数和入射能量得到所期望的自旋相关电导和磁阻比率。

接下来，我们研究了两磁垒宽度不一致对自旋相关电导和磁阻比率的影响。控制两磁垒的高度相同，使左边势垒的宽度是右边的 2 倍，即两磁垒高度都是 3，左边和右边势垒宽度分别是 162.6 nm 和 81.3 nm，则体系的自旋相关电导和磁阻比率关于费米能量的图像如图 3-4 所示。从图上我们可以看出，当磁化方向平行时，在低能量区域内电导几乎为零，此后电导值随能量上升很快。自旋向上电导和自旋向下电导分离，

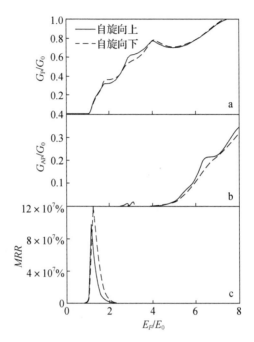

图3-4　磁化方向平行和反平行情况下自旋相关电导和

磁阻比率关于费米能量的函数图像

a：平行情况下自旋相关电导；b：反平行情况下自旋相关电导；c：磁阻比率关于
费米能量的函数图像结构参数是 $w = 81.3$ nm 和 $L = 243.9$ nm，且第一个
磁垒强度为3，宽度是162.6 nm，第二个磁垒强度为3，宽度是81.3 nm

且交替明显的部分是在 $1.75 < E_F/E_0 < 3.75$ 范围内。在磁化方向转化为反平行后，如图3-4b所示，因较强的抑制作用，除了一个很小的尖峰，在较宽的低能量区域内电导几乎为零，此后电导随着能量增加而上升，且自旋向上电导大于自旋向下电导。相应地，如图3-4c所示，我们也给出了自旋相关磁阻比率关于费米能量的函数图像，可以看到磁阻效应在低能量范围较为显著，且磁阻比率很高，自旋向上的最大值是 $9.85 \times 10^7\%$ ，自旋向下的最大值是 $12 \times 10^7\%$ 。这是因为低能量区域平行构型下电导是有限值，而反平行构型下电导接近于零，从而导致了显著的磁阻效应。这些结果将有助于自旋相关输运的调控。

3.3　本章小结

　　本章我们从薛定谔方程出发，应用转移矩阵方法研究了两个不一致磁垒调节下半导体异质结二维电子气的自旋相关输运性质。结果表明：两高度不同磁垒的调节可以使电子的隧穿电导自旋分离，由于束缚态引起的衰减效应在反平行情况下更加明显，导致了较大的自旋分离的磁阻效应。随着磁垒间隔变宽，电子在传输过程中受到的散射增强，使得自旋相关电导和磁阻比率下降，并且振荡增强。此外，宽度不同两个磁垒的作用也可以使隧穿电导和磁阻比率自旋分离，而且巨磁阻效应很明显。所以只要两磁垒的间隔足够小、不对称性足够明显，就可以得到自旋明显分离的隧穿电导和磁阻比率，磁调节下二维电子气体系的这种自旋相关输运性质有助于自旋电子器件的设计。

第四章　石墨烯及其纳米条带

4.1　研究背景

实验上制备单层石墨的新进展，使得人们对其输运性质[98]进行了大量的研究。与薛定谔方程描述的电子不同的是，在垂直入射[49,52]情况下，石墨烯中无质量的 Dirac 费米子几乎可以完美地隧穿又高又宽的静电垒，而且人们可以通过不均匀的磁场[99,100]来限制 Dirac 费米子。在外加垂直磁场下 Dirac 电子的输运性质已被研究过[101,102]，其垂直磁场实验上可以通过在石墨烯表面加纳米结构的铁磁条来实现[103]。近年来，Masir 等[104]研究了石墨烯中与局域量子束缚态及入射方向相关的输运性质，还有一些小组研究了磁场调节下石墨烯的能谱[100]，以及电垒或磁垒调节下锯齿型和扶手椅型石墨烯纳米条带[105,106]的输运性质。研究还表明，磁超晶格[107,108]的调节会导致石墨烯中有趣的波矢过滤效应[100]。最近，磁垒结合电垒的调节[109,110]使石墨烯中出现了明显的隧穿磁阻效应。然而，很少有工作全面涉及不同结构参数对磁调节下石墨烯纳米结构隧穿性质的影响，这直接关系到对磁调节输运的理解和进一步的实验研究。我们针对这个问题，结合已有研究结果[109-112]，全面考虑结构参数的变化对石墨烯二维电子气中电子输运的影响，研究了在磁调节下体系的透射谱、隧穿电导和磁阻随结构参数的变化特征。

对于石墨烯条带，已经有大量的工作研究了它的能带结构和输运性质。例如，Brey 等[113]研究了扶手椅型和锯齿型边缘石墨烯窄带的电子结构。Zheng 等[114]在紧束缚近似下利用硬壁式边界条件研究了扶手椅型边缘石墨烯纳米条带的电子结构。此后，Zhou 等[106]对扶手椅型边缘石墨烯纳米条带在外加电垒下的输运性质做了研究，Myoung 等[115]研究了一个磁垒对扶手椅条带电导的影响。但是据我们所知，外加平行或反平行双磁垒下扶手椅型石墨烯纳米条带系统的电子输运性质还没有被系统地研究。因此，我们将从 Dirac 方程出发研究扶手椅型石墨烯纳米条带在外加双磁垒调节下的输运性质。

4.2 石墨烯及其纳米条带电子能带结构

理想的石墨烯是由碳原子排列成平面正六角网络的层状结构，是严格意义上的二维晶体。碳原子的 2s 电子与 $2p_x$ 和 $2p_y$ 电子经 sp^2 轨道杂化后，每个碳原子与最近邻的 3 个碳原子形成处于同一平面内夹角为 $\frac{2\pi}{3}$ 的 3 个 σ 共价键，剩下一个未参加杂化的 $2p_z$ 轨道电子，形成垂直于层平面的 π 键，紧束缚近似下[98,116,117]石墨烯的电子结构主要取决于 π 轨道电子。

石墨烯的晶体结构如图 4-1a 所示。

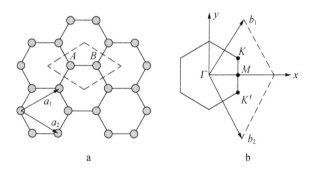

图 4-1 石墨烯的蜂窝状结构和它的第一布里渊区

a：石墨烯的一个原胞内包含两个不等价的碳原子 A 和 B，其中 a_1 和 a_2 为原胞基矢；

b：石墨烯的第一布里渊区，其中 b_1 和 b_2 为倒格子基矢，K 和 M 是高对称性点

它的平面六角晶格是个复式格子，选取原胞如图中黑色虚线所示，每个原胞包含两个不等价的碳原子 A 和 B。原胞基矢可以写为 $\boldsymbol{a}_1 = \frac{3}{2}a\boldsymbol{i}$ $+ \frac{\sqrt{3}}{2}a\boldsymbol{j}$，$\boldsymbol{a}_2 = \frac{3}{2}a\boldsymbol{i} - \frac{\sqrt{3}}{2}a\boldsymbol{j}$。其中，$a = 0.142$ nm 是石墨烯原子层中 C—C

键长。相应的倒格子基矢为 $b_1 = \frac{2\pi}{3a}(i + \sqrt{3}j)$，$b_2 = \frac{2\pi}{3a}(i - \sqrt{3}j)$。由此可知，石墨烯的第一布里渊区是一个正六边形，如图 4-1b 所示，其 6 个顶点（K 或 K'）是 Dirac 点。下面给出无限大、没有任何杂质和缺陷的理想石墨烯的电子结构计算过程[118]。

石墨烯中两个不等价碳原子的 $2p_z$ 轨道电子波函数分别为 $\phi_1(r) = \sum_l e^{ik \cdot R_{l_1}} \varphi_1(r - R_l - l_1)/\sqrt{2}$ 和 $\phi_2(r) = \sum_l e^{ik \cdot R_{l_2}} \varphi_2(r - R_l - l_2)/\sqrt{2}$，其中，$l_\alpha (\alpha = 1,2)$ 是第 l 个原胞中第 α 个原子的位矢，R_l 是第 l 个格点（原胞质心）的格矢，φ_α 是第 α 个原子的轨道波函数。紧束缚近似下系统波函数可表示为 $\psi = c_1\phi_1 + c_2\phi_2$，其中 $c_{1,2}$ 为组合系数。代入薛定谔方程 $H\psi(r) = E\psi(r)$，并用 $\langle\phi_1|$ 左乘，推导可得：

$$c_1\langle\phi_1\rangle|H|\phi_1\rangle + c_2\langle\phi_1\rangle|H|\phi_2\rangle = E[c_1\langle\phi_1|\phi_1\rangle + c_2\langle\phi_1|\phi_2\rangle]$$

$$(4-1)$$

其中：

$$\langle\varphi_1|H|\varphi_1\rangle = \sum_{l'}\langle e^{-ik \cdot R_{l_1}}\phi_1(r - R_l - l_1)|H|e^{ik \cdot R_{l'}}\phi_1(r - R_{l'} - l_1)\rangle \equiv \varepsilon_{2p_z}$$

$$(4-2)$$

$$\langle\varphi_1|H|\varphi_2\rangle = \sum_{l'}\langle e^{-ik \cdot R_{l_1}}\phi_1(r - R_l - l_1)|H|e^{ik \cdot R_{l_2}}\phi_2(r - R_{l'} - l_2)\rangle = t\varepsilon(k)$$

$$(4-3)$$

其中，最近邻原子间的跃迁能（重叠积分）为 $t = \langle\varphi_1(r - R_l - l_1)|H|\varphi_2(r - R_l - l_2)\rangle$，而

$$\varepsilon(k) = e^{ik_ya/\sqrt{3}} + 2e^{-ik_ya/2\sqrt{3}}\cos(k_ya/2) \qquad (4-4)$$

同理，用 $\langle\phi_2|$ 左乘薛定谔方程，再根据正交归一化条件 $\langle\phi_i|\phi_j\rangle = \delta_{i,j}$，进而可以得到：

$$(\varepsilon_{2p_z} - E)c_1 + t\varepsilon(k)c_2 = 0 \qquad (4-5)$$

$$t\varepsilon^*(k)c_1 + (\varepsilon_{2p_z} - E)c_1 = 0 \qquad (4-6)$$

由公式（4-5）和公式（4-6）组成的关于 c_1 和 c_2 的齐次线性方程组有非零解的充要条件是其系数行列式等于 0，从而解得本征能量，即石墨烯中电子的色散关系：

$$E = E(\boldsymbol{k}) = \varepsilon_{2p_z} \pm t \mid \varepsilon(\boldsymbol{k}) \mid \tag{4-7}$$

其中：

$$\varepsilon(k) = \pm \left[1 + 4\cos^2\left(\frac{\sqrt{3}}{2}k_y a\right) + \cos\frac{k_x a}{2}\cos\frac{\sqrt{3}}{2}k_y a \right]^{1/2} \tag{4-8}$$

式中：正负号分别对应价带和导带，k_x 和 k_y 是波矢 $\boldsymbol{k}$ 在 (x,y) 坐标下的分量。ε_{2pz} 为原子的位能，对于理想结构的石墨烯通常取为 0。因此，系统哈密顿矩阵可表示成：

$$H = \begin{pmatrix} 0 & t\varepsilon(\boldsymbol{k}) \\ t\varepsilon(\boldsymbol{k}) & 0 \end{pmatrix} \tag{4-9}$$

将电子波矢的坐标原点平移到 Dirac（K）点，即做平移变换 $\boldsymbol{k} = \boldsymbol{K} + \boldsymbol{q}$，代入公式（4-4），在 $q_x a \ll 1$ 和 $q_y a \ll 1$ 近似下可得 $\varepsilon(\boldsymbol{q}) = \sqrt{3}a(q_x + iq_y)/2$，同理可得 K' 点附近的色散关系 $\varepsilon^*(\boldsymbol{q}) = \sqrt{3}a(q_x - iq_y)/2$。从而，哈密顿矩阵的右上和左下矩阵元分别变为 $H_K = v_F \sigma^* \cdot \boldsymbol{P}$ 和 $H_{K'} = -v_F \sigma \cdot \boldsymbol{P}$，其中 $v_F = \sqrt{3}at/2\hbar$ 为费米速度（约为光速的 1/300），$\sigma = (\sigma_x, \sigma_y)$ 为泡利矩阵。

依照紧束缚方法求得石墨烯 π 电子的能带结构如图 4-2 所示。可以看出价带和导带相交于布里渊区的 6 个顶点（Dirac 点），其中只有 2 个不等价的 Dirac 点（K, K'），并且在 $K(K')$ 点附近，电子能量与波矢呈线性关系，这与介质中的光子或声学声子类似。因而在石墨烯中，

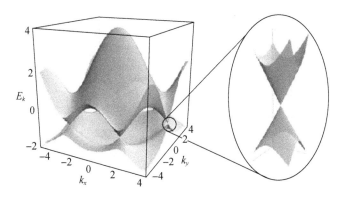

图 4-2　石墨烯的 π 电子能带结构[98]

放大部分给出 Dirac 点的线性色散关系

$K(K')$ 点附近载流子的有效静质量为 0、速度 v_F 接近于光速，呈现相对论性的特征[3]，其电子性质需用 Dirac 方程进行描述，这是石墨烯二维电子气不同于半导体异质结二维电子气的根本原因所在。

图 4-3 将石墨烯电子的能带结构基本特征与传统的二维电子气做了比较，从图中可以发现，传统二维电子气的电子被静电势限制在 z 方向，导致了波矢 k_z 的量子化和能谱在 z 方向是离散的平台。而 k_x 和 k_y 仍然保持连续，其能量与波矢 k_x 或 k_y 呈抛物线关系。由于能量的量子化，态密度是根据很多阶跃函数画出来的，呈台阶形状[119]。相比之下，石墨烯是个完美的二维体系，在 z 方向不存在离散波矢，其能带在

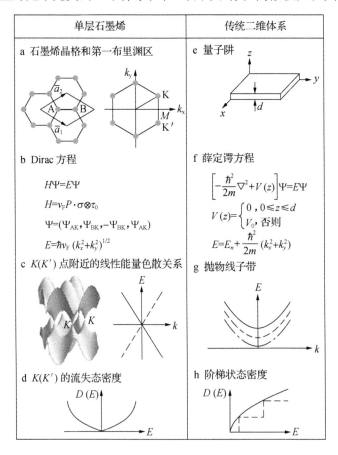

图 4-3　石墨烯（左）与传统二维电子气（右）结构示意及其基本特征的比较[119]

K 点相接，而且在 $K(K')$ 点附近，能量与波矢呈线性关系，载流子的有效静质量为0、费米速度 v_F 接近于光速，这与介质中的光子或声学声子类似，呈现相对论性的特征[3]，其电子性质需用 Dirac 方程进行描述，这与传统的二维电子气中电子用薛定谔方程来描述不同。通过两者特征的比较，我们发现石墨烯是一个理想的无限大的二维电子气平面，因此石墨烯中二维电子气的性质更加稳定。对于石墨烯的电磁输运性质的研究，在物理上是很有意义的。

石墨烯纳米条带因量子受限呈现出很多新颖的物理性质，被认为是制备纳米电子和自旋电子器件的一种理想的组成材料，因而在实际应用中受到了更多的关注。沿着不同的边界裁剪，我们可以得到两种基本的石墨烯条带构型，分别是扶手椅型边缘和锯齿型边缘[120]石墨烯纳米条带，如图4-4所示。这两种条带的性质截然不同。对于扶手椅型条带，受限方向的分立能级与非受限方向的波矢无关，可以简单地由二维单层石墨烯得到，而锯齿型条带两个方向的波矢是耦合的，因此会产生局域在边界上的边缘态。下面我们给出这两种条带的色散关系。

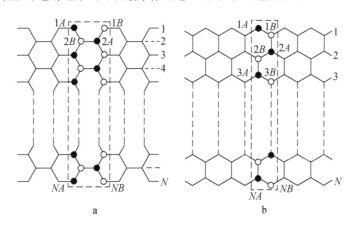

图4-4　两种基本的石墨烯条带构型[120]

a：扶手椅型石墨烯纳米条带；b：锯齿型石墨烯纳米条带

石墨烯及其纳米条带的性质主要是由碳原子的 π 电子决定，紧束缚近似下扶手椅型石墨烯纳米条带的哈密顿量可以写为[114]：

$$H = \sum_i \varepsilon_i |i\rangle\langle i| - t \sum_{\langle i,j\rangle} \varepsilon_i |i\rangle\langle i| \qquad (4\text{-}10)$$

式中：$|i\rangle$ 是电子在位置 i 处的 π 电子态，$\langle i,j\rangle$ 表示最近邻的位置，ε_i 是 π 电子的位能，通常设为零。最近邻跃迁积分 $t = 2.75$ eV，以此为能量量子化单位，则系统的波函数可以写为[114,118]：

$$|\psi\rangle = c_1 |\phi\rangle_A + c_2 |\phi\rangle_B \qquad (4\text{-}11)$$

式中：c_1 和 c_2 是波函数的归一化系数，且满足 $|c_1|^2 + |c_2|^2 = 1$。子格 A 和 B 的波函数形式是：

$$|\phi\rangle_{A/B} = N_{A/B}^{-1} \sum_{i,x_{A_i/B_i}} e^{ik_x x_{A_i/B_i}} \phi_{A/B}(i) |A_i/B_i\rangle$$

式中：$\phi_{A/B}(i)$ 和 $|A_i/B_i\rangle$ 指的是 y 方向的波函数和碳原子在 A/B 位置的 p_z 轨道波函数，$N_{A/B} = [N_x(n+1)/2]^{1/2}$ 是归一化系数，N_x 表示沿 x 方向的原胞数目，n 表示条带横向的 C—C 链的数目。再根据硬壁势边界条件：

$$\phi_A(0) = \phi_B(0) = \phi_A(n+1) = \phi_B(n+1) = 0 \qquad (4\text{-}12)$$

可得 $\phi_A(p) = \phi_B(p) = \sin(\frac{\sqrt{3}k_y a}{2}i)$，以及横向离散波矢 $k_y = \frac{2}{\sqrt{3}}\frac{p\pi}{n+1}$，这里 $a = 1.42$ Å 代表 C—C 键长，$p = 1,2,\cdots,n$，n 代表横向子带指标。然后结合公式（4-11）和公式（4-12），求解薛定谔方程可得扶手椅型石墨烯纳米条带的色散关系表达式如下：[114,118]

$$E_{p,k_x} = \pm t[1 + 4\cos^2 \frac{p\pi}{n+1} + 4\cos \frac{p\pi}{n+1} \cos \frac{3}{2}k_x a]^{1/2} \qquad (4\text{-}13)$$

式中：$+$ 和 $-$ 分别对应于导带和价带，k_x 是纵向波矢。

根据公式（4-13），我们做出了 $n = 11$ 和 $n = 12$ 时扶手椅型石墨烯纳米条带的能带结构，如图 4-5 所示。从图中我们可以看出，扶手椅型条带具有金属性或半导体性，依宽度而定。进一步得到规律：当 $n = 3m + 2$（m 为整数）时，它是金属型[113,121-124]，而其他的情况下都是半导体型。因此，11－扶手椅型石墨烯纳米条带是金属型条带，而 12－扶手椅型石墨烯纳米条带呈半导体特征。

通过紧束缚近似计算，扶手椅型石墨烯纳米条带的能带结构的主要

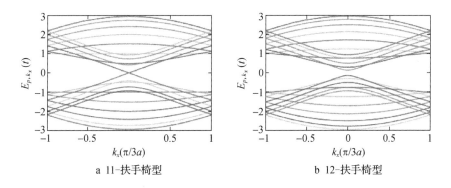

a 11-扶手椅型　　　　　　　　　　　b 12-扶手椅型

图 4-5　11-扶手椅型和 12-扶手椅型石墨烯纳米条带的色散关系

特征是：①具有 $n = 3m + 2$ 宽度的条带属于金属型条带，其他情况则属于半导体型条带。②因 y 方向上的受限，扶手椅型条带的横向波矢 k_y 是离散的，且纵向波矢 k_x 与 k_y 没有关联，这为研究克莱因佯谬提供了有利的依据[49]，也为量子波导的研究提供了广阔的空间。③对于金属型条带，总存在 $k_x = 0$ 的纵向波矢，使总能量为零，这点对应着 Dirac 点。此时在横向传播的波函数的入射态与反射态具有相反的赝自旋[108]。这是半导体型条带不具有的一种特性。④所有子带的最低点都出现在 $k_x = 0$ 上，且关于 $k_x = 0$ 对称。

对于锯齿型石墨烯纳米条带，紧束缚近似下其哈密顿量为[125]：

$$H_k = t \begin{pmatrix} 0 & 2c(k) & 0 & \cdots & \cdots & 0 \\ 2c(k) & 0 & 1 & 0 & \cdots & 0 \\ 0 & 1 & 0 & 2c(k) & 0 & \cdots \\ \cdots & 0 & 2c(k) & 0 & \cdots & \cdots \\ \cdots & \cdots & \cdots & \cdots & \cdots & 2c(k) \\ 0 & \cdots & \cdots & 0 & 2c(k) & 0 \end{pmatrix} \quad (4-14)$$

式中：$c_k = \cos(\sqrt{3}ka/2)$，a 为 C—C 键长。将上式哈密顿量对角化之后，就可以得到锯齿型条带的能带。下面简要介绍其进一步的推导过程[118]。对于锯齿型条带，因为横向波矢 k_y 依赖于纵向波矢 k_x[113,118,121-123,126]，可用下式表示：

$$\frac{\sin(3k_y a n)}{\sin\left[(2n+1)3k_y a/2\right]} = \pm 2\cos(\sqrt{3}k_x a/2) \tag{4-15}$$

式中：n 代表锯齿型条带的宽度。把上式代入无限大石墨烯平面的色散关系式可得：

$$E_{p,k_x} = \pm t\sin(3k_y a/2)/\sin\left[(2n+1)3k_y a/2\right] \tag{4-16}$$

式中：p 同样是横向子带指标。经进一步计算，当连续变量 k_x 在 $0 \leqslant |k_x a| \leqslant \pi$ 范围内时，公式（4-15）的实数解给出锯齿型石墨烯纳米条带的束缚态，即

$$E_{p,k_x} = \pm t\left[\frac{3}{4}\left(\sqrt{3}k_x a - \frac{2\pi}{3}\right)^2 + \frac{(p+1/2)^2\pi^2}{4n^2}\left(1 + \frac{\sqrt{3}\pi}{3} - \frac{3k_x a}{2}\right)\right]^{1/2}$$

$$\tag{4-17}$$

当 $2\pi/3 < |k_x a| \leqslant \pi$ 时，公式（4-15）的虚数解给出锯齿型石墨烯纳米条带的边缘态，即

$$E_{0,k_x} = \pm t\frac{\sinh\left[-\ln\left[2\cos(\sqrt{3}k_x a/2)\right]\right]}{\sinh\left[-(2n+1)\ln\left[2\cos(\sqrt{3}k_x a/2)\right]\right]} \tag{4-18}$$

其中，公式（4-17）和公式（4-18）中的 + 和 − 分别对应于导带和价带。

图 4-6 给出了锯齿型石墨烯纳米条带的能带图。其中，a 图是 470 - 锯齿型石墨烯纳米条带的能带图，由对角化哈密顿量得到的结果给出。b 图是 100 - 锯齿型石墨烯纳米条带的能带图，由解析公式（4-20）和公式（4-21）给出。显然，两种方法得到的结果基本一致。从图中我们可以发现，锯齿型石墨烯纳米条带的最低导带与最高价带在 $k_x = \pi$ 退化为一点，对应于二维无限大石墨烯中 $|k| = 2\pi/3$ 处的 Dirac 点，并且最低导带与最高价带在 $k_x = 2\pi/3$ 交于费米面后一直延伸到布里渊区的边界，这是由表面效应引起的，我们称之为边缘态，它的存在是锯齿型石墨烯纳米条带优越性的根本原因。

通过以上讨论和比较，我们可以总结出锯齿型条带具有 3 个不同于扶手椅型条带的特征：①锯齿型石墨烯纳米条带是金属型的，与其宽度无关。②存在边缘态，且最低束缚态子带和边缘态相衔接。③其他更高的子带的最低点都偏离 Dirac 点。

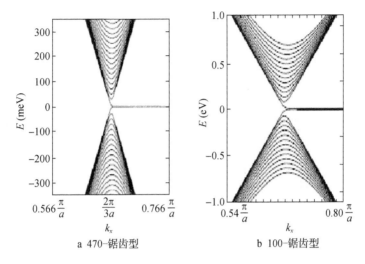

a 470-锯齿型 b 100-锯齿型

图 4-6 锯齿型石墨烯纳米条带的能带图[125,118]

4.3 磁垒调节下石墨烯的电导与磁阻

4.3.1 模型描述与公式推导

我们研究的体系如图 4-7a 所示，(x,y) 平面内的石墨烯，受到通过加两个铁磁条产生的不均匀垂直磁场的调制。改变磁化方向与石墨烯平面的夹角，可以形成几种实际的磁垒。如果夹角为零，实际的磁场构型是[112]：

$$B_z(x) = B_0[K(x + d/2, z_0) - K(x - d/2, z_0)]$$

式中：$B_0 = M_0 h/d$，$K(x, z_0) = -z_0 d/(x^2 + z_0^2)$，其中，$M_0$ 是铁磁条的磁化强度，z_0 是铁磁条与石墨烯之间的距离。当磁长度与磁垒宽度是相同数量级时，费米波矢会远大于磁垒宽度，则磁场构型就可以近似为 δ 函数描述的磁垒[81,127]，即

$$B_z(x) = B_0(\beta + \Delta\beta)[\delta(x) - \delta(x - d)] +$$
$$\lambda B_0\beta[\delta(x - d - D) - \delta(x - L)]$$

式中：$B_1 = B_0(\beta + \Delta\beta)$ 和 $B_2 = B_0\beta$ 是可变化的磁场强度。此外，β 和 $\Delta\beta$ 分别是磁垒的绝对高度和相对高度，d 是磁垒的宽度，D 是两磁垒的间

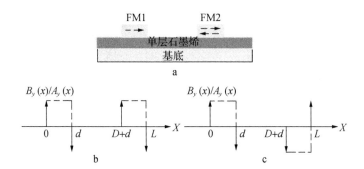

图 4-7　单层石墨上施加两个铁磁条的构型图

a：具体构型；b、c 分别为平行情况和反平行情况下磁场 $B_y(x)$（带箭头的实线）及

相应的矢势 $A_y(x)$（方形虚线）

隔，$L = 2d + D$ 是体系一个周期的长度，λ 为 1 或 −1 分别对应于磁场构型的平行或反平行情况，如图 4-7b 和 c 所示。因此，体系中 Dirac 点的哈密顿量可以写为：

$$H = v_F \sigma \cdot (P + eA) \tag{4-19}$$

式中：v_F 是费米速度，$\sigma = (\sigma_x, \sigma_y)$ 是泡利矩阵，p 是动量算符，e 是电子的电荷量，朗道规范下对应的矢势是 $A = [0, -\partial B_z(x)/\partial x, 0] = [0, A(x), 0]$。引入磁长度 $l_B = \sqrt{\hbar/eB_0} = 811\text{Å}(B_0 = 0.1T)$ 后，所有物理量可以无量纲化。例如，磁场强度 $B_z(x) \to B_z(x)B_0$，坐标矢量 $r \to rl_B$，矢势 $A(x) \to A(x)B_0 l_B$，及能量 $E \to EE_0$，能量单位 $E_0 = \hbar v_F/l_B = 7\text{ meV}$。无量纲化之后，Dirac 哈密顿量又可以写为：

$$H = -i \begin{pmatrix} 0 & \partial_x - i\partial_y + A(x) \\ \partial_x + i\partial_y - A(x) & 0 \end{pmatrix} \tag{4-20}$$

因此，Dirac 方程 $H\psi(x, y) = E\psi(x, y)$ 的解可取如下形式：

$$\Psi(x, y) = \begin{pmatrix} \psi_{\mathrm{I}}(x, y) \\ \psi_{\mathrm{II}}(x, y) \end{pmatrix} \tag{4-21}$$

假设体系中的磁调节是限制在 $0 \leqslant x \leqslant L$ 范围内，我们把不均匀的磁限制势分为 N 个部分，每一部分的宽度是 $w = L/N(N \gg 1)$，则在 $x < 0$ 和 $x > L$ 的区域矢势 $A(x)$ 是零，而在中间的第 j 部分，即

$x \in [jd, (j+1)d]$ 是一个常数。又因为上述哈密顿量所描述的体系沿 y 方向不变，这就使得波矢满足如下关系式：

$$k_x^2 + q^2 = E^2 \qquad (4-22)$$

式中：纵向波矢 $k_x = E\cos\theta_0$，横向波矢 $q = k_y + A(x)$，其中，$k_y = E\sin\theta$。因此，在磁限制势内第 j 部分的波矢是 $k_j = \sqrt{E^2 - q_j^2} = E\cos\theta_j$ 和 $q_j = k_y + A(x_j) = E\sin\theta_j$，其中，$\theta_0$ 和 θ_j 分别是入射角和反射角。所以波函数 $\psi(x,y)$ 可以表示为：

$$\Psi(x,y) = \begin{cases} e^{ik_y y}\left[c_l e^{ik_l x}\begin{pmatrix}1\\ e^{i\theta_0}\end{pmatrix} + d_l e^{-ik_l x}\begin{pmatrix}1\\ -e^{-i\theta_0}\end{pmatrix}\right], & x < 0 \\[2mm] e^{ik_y y}\left[c_j e^{ik_j x}\begin{pmatrix}1\\ e^{i\theta_j}\end{pmatrix} + d_j e^{-ik_j x}\begin{pmatrix}1\\ -e^{-i\theta_j}\end{pmatrix}\right], & 0 \leqslant x \leqslant L \\[2mm] e^{ik_y y}\left[c_r e^{ik_r x}\begin{pmatrix}1\\ e^{i\theta_0}\end{pmatrix} + d_r e^{-ik_r x}\begin{pmatrix}1\\ -e^{-i\theta_0}\end{pmatrix}\right], & x > L \end{cases}$$

式中：$j = 1, 2, \cdots, N$，c_α 和 $d_\alpha (\alpha = l, r, j)$ 是波函数的系数。这里的波函数有两个分量，不再需要一阶导数连续。因此，根据波函数在矢势每个部分的边界连续[111]，我们可以得到一个表示波幅之间关系的矩阵方程：

$$\begin{bmatrix} c_r + d_r \\ c_r - d_r \end{bmatrix} = \begin{bmatrix} \cos(k_N w) & i\sin(k_N w) \\ if_1\cos(k_N w) + if_2\sin(k_N w) & f_2\cos(k_N w) - f_1\sin(k_N w) \end{bmatrix} \times$$

$$\prod_{j=1}^{N-1} M(j) \begin{bmatrix} 1 & 0 \\ i\dfrac{q_l - q_1}{k_1} & \dfrac{k_l}{k_1} \end{bmatrix} \begin{bmatrix} c_l + d_l \\ c_l - d_l \end{bmatrix} \qquad (4-23)$$

式中：$f_1 = \dfrac{q_N - q_r}{k_r}$，$f_2 = \dfrac{k_N}{k_r}$。转移矩阵是：

$$M(j) = \begin{bmatrix} \cos(k_j w) & i\sin(k_j w) \\ if_1\cos(k_j w) + if_{2j}\sin(k_j w) & f_{2j}\cos(k_j w) - f_{1j}\sin(k_j w) \end{bmatrix}$$

$$(4-24)$$

式中：$f_{1j} = \dfrac{q_j - q_{j+1}}{k_{j+1}}$，$f_{2j} = \dfrac{k_j}{k_{j+1}}$，经过计算化简公式（4-23）可得：

$$\begin{bmatrix} c_r + d_r \\ c_r - d_r \end{bmatrix} = \begin{bmatrix} m_{11} & m_{12} \\ m_{21} & m_{22} \end{bmatrix} \begin{bmatrix} c_l + d_l \\ c_l - d_l \end{bmatrix} \qquad (4-25)$$

式中：$m_{ij}(i,j = 1,2)$ 是公式（4-23）从左到右 $N + 1$ 个矩阵连乘所得矩阵的矩阵元。由于在势垒的右边只有透射波，即 $d_r = 0$，所以从公式（4-25）可以得到隧穿透射率如下[86]：

$$T(E, k_y) = 1 - \left| \frac{d_l}{c_l} \right|^2 = 1 - \left| \frac{m_{11} + m_{12} - m_{21} - m_{22}}{m_{12} + m_{21} - m_{11} - m_{22}} \right|^2 \quad (4-26)$$

相应地，再利用 Landauer-Büttiker 公式[80]：

$$G = G_0 \int_{\frac{-\pi}{2}}^{\frac{\pi}{2}} T(E, E\sin\theta_0) \cos\theta_0 d\theta_0 \quad (4-27)$$

可以计算出体系的隧穿电导，式中：$G_0 = 2e^2 E_F l_y / \pi\hbar$，$l_y$ 是 y 方向结构长度，E 是电子入射能量。此外，隧穿磁阻我们定义为[97] $TMR = 100\% \times (G_P - G_{AP})/G_{AP}$，其中，$G_P$ 和 G_{AP} 分别是平行和反平行情况下的电导[97]。

4.3.2　结果与讨论

应用转移矩阵方法，我们计算了磁垒调节下平行及反平行情况的透射谱、隧穿电导和磁阻。

首先，我们讨论透射谱随不同结构参数变化的特征，如图 4-8 所示，平行和反平行构型下对应不同磁垒高度的透射谱。从图 4-8a 和 c 可以看出，当 $\beta = 2$ 和 $\Delta\beta = 0$ 时，透射谱都出现在高能量范围，平行情况下透射谱偏向负入射角，而反平行情况下透射谱是关于入射角对称的。随着磁垒相对高度的增加，如图 4-8b 和 d 所示，平行和反平行情况下的透射谱都明显受到更强的抑制作用，在低能量区域，即平行情况下（0~3）和反平行情况下（0~3.8），透射率几乎为零。这表明，随着磁垒相对高度的增加，隧穿势垒的作用变强，使得低入射能量的电子不能透过，所以透射谱向更高的能量范围移动。此外，还可以从图中看出，平行情况下的透射谱更加集中在负入射角范围，这是因为势垒加在正方向，所以向负方向入射的电子更容易透过。同理，由于反平行情况下在负方向的第二个势垒的增强使得正入射的电子容易透过，所以，反平行情况下的透射谱不再关于入射角对称，而是向正入射角方向移动。

图 4-9 给出了固定其他参数不变的情况下透射谱随磁垒间隔变化

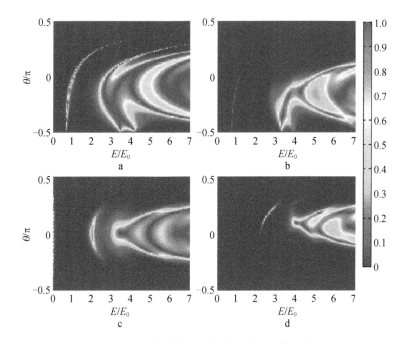

图4-8 透射谱随不同结构参数变化的特征

两磁垒间隔 D 和宽度 d 都是81.1 nm，平行（a）和反平行（c）构型下透射率，两磁垒高度 $\beta = 2$ 和 $\Delta\beta = 0$。平行（b）和反平行（d）构型下透射，两磁垒高度 $\beta = 2$ 和 $\Delta\beta = 2$

的特征。如图4-9a 和 c 所示，当间隔较小时，即 $d = l_B = 81.1$ nm，相对来讲透射谱是连续变化的。但是随着磁垒间隔变大，即 $D = 4l_B = 324.4$ nm，中间区域内散射增强，左行波和右行波的个数增加，其干涉增强和干涉相消的点也增多，使得透射谱振荡加强，因此，随能量增加透射谱呈现出离散化特征，图4-9b 和 d 很好地证明了这一现象。可以推断，平行和反平行情况下的电导关于能量的函数图像也将会出现多个振荡峰，后面给出的电导图像也证明了这一点。这个性质有助于对磁调节石墨烯二维电子气输运性质的深刻理解。

接下来，我们研究透射谱随磁垒宽度变化的特征，如图4-10 所示。比较图4-10a 和 c 与图4-10 b 和 d 可以看出，当磁垒宽度变大时，平行情况下的透射谱更加集中于负入射角和高能量区域，而反平行情况下透射谱更加集中于垂直入射附近和高能量区域。其原因是，磁垒变宽

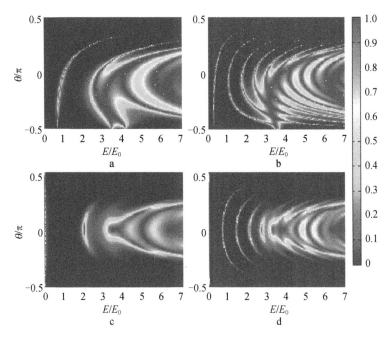

图4-9　固定其他参数不变的情况下透射谱随磁垒间隔变化的特征

两磁垒高度是 $\beta = 2$ 和 $\Delta\beta = 0$，宽度 $d = l_B = 81.1$ nm。平行（a）和反平行（c）构型下

透射率，两磁垒间隔 $D = l_B = 81.1$ nm。平行（b）和反平行（d）构型下透射率，两磁

垒间隔 $D = 4l_B = 324.4$ nm

时，当电子以一定的角度和能量入射，如果波的衰减长度小于势垒的宽度，就不能穿透势垒。从方程 $k_x^2 + \left[E\sin(\theta) + A(x) \right]^2 = E^2$ 可以计算出不同入射角和能量对应的衰减长度，进而充分说明，只有当衰减长度大于势垒宽度时，电子才可以在衰减之前透过势垒。从图中也可以看出，以特定的角度和能量入射的电子，原来可以透过势垒的，在更宽的势垒中，不一定可以透过，所以透射谱整体是向更高的能量方向移动了。此外，由于势垒宽度的变大，电子在隧穿过程中左行波和右行波的干涉增强，所以在更宽的势垒调节下透射谱还呈现出由于散射和干涉造成的离散现象。

相应地，我们给出不同结构参数下体系的隧穿电导（以 G_0 为单位）和磁阻随能量变化的图像。体系间隔和宽度固定为 $D = d = l_B =$

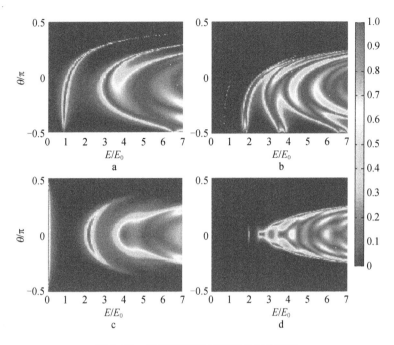

图4-10 透射谱随磁垒宽度变化的特征

两磁垒高度是 $\beta = 2$ 和 $\Delta\beta = 0$，间隔 $D = l_B = 81.1$ nm。平行（a）和反平行（c）构型下
透射率，两磁垒宽度 $d = 2l_B/3 = 54.1$ nm。平行（b）和反平行（d）构型下透射率，两磁
垒间隔 $d = 2l_B = 162.2$ nm

81.1 nm，调节势垒的绝对高度和相对高度，隧穿电导和磁阻的变化特征如图4-11所示。当两磁垒无相对高度差时，即 $\beta = 1$ 和 $\Delta\beta = 0$，如图4-11a 和 b 所示，可以看出平行电导 G_P 在 $E/E_0 = 0.75$ 处呈现出一个值为 1.2 的共振峰，而由于反平行情况下更强的抑制作用[109]，反平行电导 G_{AP} 在 $0.5 < E/E_0 < 1.2$ 范围内大约为 0.2。比较图4-11a 和 b 中点画线和实线，可以发现随着磁垒绝对高度的增加，平行电导 G_P 和反平行电导 G_{AP} 都有明显的下降。因此，尽管存在克莱因隧穿，透射系数还是会受到更高磁垒的阻碍[49,52]，这与参考文献［111］中的"Fig. 5"是一致的。然而我们还发现，图中虚线是低于实线的，这表明随着磁垒相对高度的增加，平行电导 G_P 和反平行电导 G_{AP} 也明显减弱，即势的不均匀性使得电子的透射受到更强的抑制，导致体系的电导降低。更高

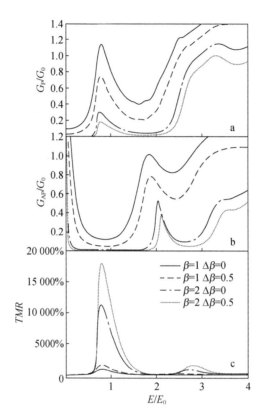

图 4-11　平行和反平行构型下电导及隧穿磁阻随能量变化函数图像

a：平行构型下电导随能量变化情况；b：反平行构型下电导随能量变化情况；

c：隧穿磁阻随能量变化情况

磁垒情况下也呈现与此相似的现象，如图中点画线和点线所示。

　　在分析平行和反平行电导变化特征的基础上，我们给出了其相应的隧穿磁阻随能量变化的函数图像，如图 4-11c 所示。从图中我们可以看出，磁垒绝对高度由 $\beta = 1$ 变到 $\beta = 2$ 时，在能量 $E/E_0 \approx 0.75$ 处的隧穿磁阻增加了至少一个数量级，如图中实线和虚线、点画线和点线所示。有趣的是，不对称高度磁垒的引入很大程度增强了体系的隧穿磁阻，尤其在共振峰所处的位置，可以从图中看到，实线比虚线低，且点画线比点线低，过去的工作中，这种有趣的不对称效应没有被研究过。这可以作如下的理解，从公式（4-22）我们可以知道，对于两相同宽度的磁垒来说，随着相对高度 $\Delta\beta$ 的增加，较高势垒中的衰减长度 ξ 会变短，导致电子波在较高的垒中会衰减得更快。因此，在波的混合之后，反平行情况下的透射受到了更强的抑制。此外，从图中还可以看出，隧穿磁阻与两磁垒的绝对高度也紧密相关，β 越大隧穿磁阻的共振峰越高。进一步，如果磁化方向和石墨烯平面的夹角变大，就不会有磁垒的 δ 函数近似[127,128]，磁调节势的不均匀性增强，隧穿磁阻就会降低，同时向高能量范围平移，相似的情况在半导体异质结二维电子气中已经被证明[86,129]。此外，在实际的实验过程中，无序总是存在，考虑到它对匹配势的抑制作用，弹道电导将会更大，并且隧穿磁阻将会比我们得到的更低，这就是我们接下来要讨论的其他两种情况。

调节磁垒间隔，隧穿电导和磁阻关于能量的函数图像特征如图 4-12 所示，其中，不变参数 $\beta = 2$、$\Delta\beta = 0$ 及 $d = l_B = 81.1$ nm。如图 4-12a 所示，平行电导 G_P 在间隔 D 不同时都是随着能量上升，并且电导共振峰的位置和个数与磁垒间隔长度的变化紧密相关。例如，从图中实线可以看出，当间隔长度 $D = l_B = 81.1$ nm 时，在 $E/E_0 = 0.79$ 处呈现出一个共振峰，从图中虚线可以看到，对于间隔 $D = 2l_B = 162.2$ nm，在 $E/E_0 = 0.48$ 和 1.82 处有两个共振峰，而点画线表示，对于间隔 $D = 3l_B = 243.3$ nm，在 $E/E_0 = 0.35$、1.31 和 2.19 处分别有 3 个共振峰。物理上这一现象可以这样理解，两磁垒的间隔变大时中间区域入射波和反射波的干涉越强，使得干涉增强的点增多，表现为多个振荡峰。图 4-12b 给出了不同间隔情况下的反平行电导，我们可以发现，曲线显示随能量变化的振荡行为，且共振峰数目的变化和图 4-12a 一致。然而，与平行电导比较，所有的共振峰幅度大且出现在较高能量范围。此外，在能量范围 $0.30 < E/E_0 < 0.85$ 之内，反平行电导几乎为零。与此相应的隧穿磁阻由图 4-12c 给出，如图中实线描述的，当 $D = l_B$ 时，共振隧穿磁阻在 $E/E_0 = 0.79$ 出现了一个最高峰，其值为 11 300%。当两磁垒间隔增大到 $2l_B$（图中虚线）和 $3l_B$（图中点画线）时，除了几个小峰之外，可以清楚地看到体系的隧穿磁阻向左移动，最大值分别移到了 $E/E_0 = 0.48$ 和 0.35 的位置。

最后，我们讨论调节磁垒的宽度时，体系的隧穿电导和磁阻随能量

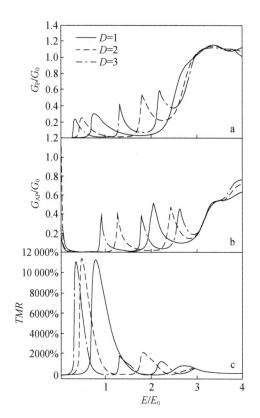

图 4-12   平行和反平行构型下电导及隧穿磁阻随能量变化函数图像

a：平行构型下电导随能量变化情况；b：反平行构型下电导随能量变化情况；

c：隧穿磁阻随能量变化情况

变化的特征，如图 4-13 所示，磁垒绝对高度和相对高度分别是 $\beta = 2$ 和 $\Delta\beta = 0$ ，且磁垒间隔固定为 $D = l_B = 81.1$ nm。如图 4-13a 中实线所示，对于磁垒宽度 $d = 2l_B/3 = 54.1$ nm，平行电导在能量 $E/E_0 = 0.8$ 附近出现一个共振峰，且在 $E/E_0 > 1.0$ 范围内随能量增加而上升。当磁垒宽度 d 增加到 l_B （81.1 nm）和 $4l_B/3$ （108.1 nm）时，如图中虚线和点画线所示，在 $E/E_0 = 0.8$ 位置的共振峰明显降低。然而，如图 4-13b 所示，由于反平行构型下更强的抑制作用[109]，在 $0.2 < E/E_0 <$ 1.8 范围内不同宽度下反平行电导几乎为零。此后，在 $E/E_0 = 2.0$ 处出

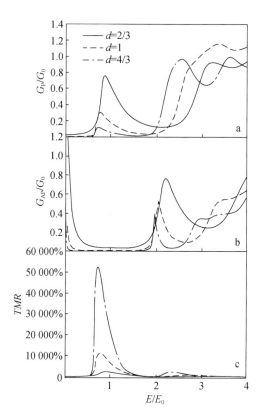

图 4-13　平行和反平行构型下电导及隧穿磁阻随能量变化函数图像

a：平行构型下电导随能量变化情况；b：反平行构型下电导随能量变化情况；

c：隧穿磁阻随能量变化情况

现一个共振峰，并且随着宽度的增大共振峰明显下降，此后又随着能量增加而上升。相应地，在图 4-13c 中隧穿磁阻随着磁垒宽度的变大而增加，且最大值从 11 300% 增加到 22 700% 和 57 000%。这一现象与电导变化一致，并且与体系中存在的衰减态紧密相关。由于磁垒调节区域衰减态的出现[109,111]，衰减长度 ξ 小于磁垒宽度 d 的电子波在穿透势垒之前衰减完毕，即不能透过势垒。在我们的计算中，当 $A(x_j) = 2$ 和 $k_y = 0$ 时，对于入射能量 $0.64 < E/E_0 < 1.30$，从方程 $k_x^2 + (k_y + A(x))^2 = E^2$ 可以得到衰减长度 $0.52l_B < \xi < 0.66l_B$。在这个能量范围，衰减长度

ξ 要小于磁垒宽度 $d = 2l_B/3 = 54.1$ nm，那么在更宽磁垒区，即 $d = l_B$ (81.1 nm) 或 $4l_B/3$ (108.1 nm) 会存在更强的衰减波，即透射率变弱，又由于反平行情况下受到了更强的抑制作用，隧穿磁阻迅速增加并且出现了尖锐的峰。再者，当电子入射能量增加到 $E/E_0 = 1.9$ 时，衰减长度 $\xi = 1.6l_B$，它要比磁垒宽度 d 长，所以电子可以在衰减之前穿过磁垒。很明显，在 $E/E_0 > 2$ 的能量范围内，隧穿磁阻都几乎为零，即在这个范围内有完美的透射发生。

这里我们给出的结果都是在零温情况下得到的，然而，对于有限温度的情况，体系中电子的平均自由程将会减小，并且弹道电导的主要贡献将来自能量范围 $(E_F - K_B T, E_F + K_B T)$ [86]。因此，对于非常低的温度共振隧穿仍然存在，隧穿磁阻将会相应地增加。

4.4　磁垒调节下扶手椅型边缘石墨烯纳米条带的电导

4.4.1　模型描述与公式推导

与石墨烯相比，其条带具有更独特的性质。采用紧束缚近似模型做出的计算显示，锯齿型石墨烯纳米条带具有金属性，而扶手椅型石墨烯纳米条带具有金属或半导体性质，依宽度而定。因而，对于磁调节下扶手椅型石墨烯纳米条带的输运性质研究更具有意义。在讨论磁调节下石墨烯输运性质的基础上，我们接着讨论两磁垒调节下扶手椅型石墨烯纳米条带的输运性质。

如图 4-14 所示，我们研究的是在 (x, y) 平面内的扶手椅型石墨烯纳米条带，其电子沿着 x 方向传输。条带的宽度是 $w = a_0(p + 1)/2$，其中晶格常数 $a_0 \simeq 2.46$ Å，且沿着锯齿边缘的碳原子数是 $n = 1, 2, 3, \cdots, p$。然后，在条带平面上沉积两个铁磁条并沿 x 方向磁化，这样就形成一个垂直于平面的非均匀的磁场，即磁场构型可以表示为 [130,131]：

$$B_z(x) = B_0 [K(x + d/2, z_0) - K(x - d/2, z_0)]$$

且 $K(x) = -z_0 d/(x^2 + z^2)$，其中，$z_0$ 是铁磁条与条带之间的距，z_0 越小铁磁条就越靠近条带，形成的磁场越尖锐，在这种情况下，磁场构型可以

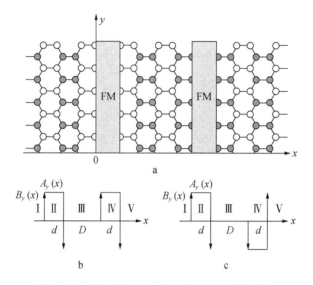

图4-14　石墨烯纳米条带及其磁垒调节构型图

a：具体构型；b、c分别为磁化方向平行及反平行情况下磁场和矢势的外形分布

近似用 δ 函数来表示：

$$B_z(x) = B_0 l_B [\delta(x) - \delta(x - d)] +$$
$$\lambda B_0 l_B [\delta(x - D - d) - \delta(x - L)]^{[112,127]}$$

式中：l_B 是磁长度，d 是磁垒的宽度，D 是两磁垒的间隔，$L = 2d + D$ 是体系一个周期的长度，$\lambda = 1$ 或 -1 分别对应于磁化平行或反平行的情况。因此，体系 Dirac 点附近的哈密顿量可以表示为：

$$H = v_F \boldsymbol{\sigma} \cdot (\boldsymbol{P} + e\boldsymbol{A}) \tag{4-28}$$

式中：v_F 是费米速度，$\boldsymbol{\sigma} = (\sigma_x, \sigma_y)$ 代表泡利矩阵，$\boldsymbol{P}$ 是动量算符，e 是电子电荷，$\boldsymbol{A} = [0, -\partial B_z(x)/\partial x, 0] = [0, A(x), 0]$ 是在朗道规范[109]下的矢势。通过引入磁长度 $l_B = \sqrt{\hbar/eB_0} = 80\ nm$（其中，$B_0 = 0.1T$ 属于实验上[103]可行的范围），所有的物理量都可以无量纲化，即磁场 $B_z(x) \to B_z(x)B_0$，坐标 $r \to rl_B$，矢势 $A(x) \to A(x)B_0 l_B$，能量 $E \to EE_0$（$E_0 = \hbar v_F/l_B = 8.25\ meV$）。因为在每个原胞里有两个不等价的 Dirac 点，所以 $K(K')$ 点附近的哈密顿量可以写为：

$$H_{k(k')} = -i \begin{pmatrix} 0 & \partial_x - i\partial_y + A_y \\ \partial_x + i\partial_y - A_y & 0 \end{pmatrix} \tag{4-29}$$

相应的 Dirac 方程是：

$$H_{k(k')}\Psi_{k(k')} = E\Psi_{k(k')}\ ,且\ \Psi_{k(k')} = \begin{pmatrix} \phi_A(\phi'_A) \\ \phi_B(\phi'_B) \end{pmatrix}$$

利用硬壁式边界条件，波函数应满足 $\phi_u(y=0) + \phi'_u(y=0) = 0$ 和 $e^{iKw}\phi_u(y=w) + e^{-iKw}\phi'_u(y=w) = 0$ ，这里 $u = A$ 或 B。在这些条件下，满足 Dirac 方程的波函数可以表示为：

$$\Psi_k = e^{ik_y y}\begin{pmatrix} \phi_A \\ \phi_B \end{pmatrix}\ ,\ \Psi_{k'} = e^{ik_y y}\begin{pmatrix} \phi'_A \\ \phi'_B \end{pmatrix}$$

这里 $k_y = k_n$ 是量子化的[114]，且满足 $\sin(k_n + K)w = 0(K = 4\pi/3a_0)$ ，因此 $k_y = k_n = n\pi/w - K(n=1,2,\cdots,p)$ 。在此基础上，各散射区（Ⅰ、Ⅱ、Ⅲ、Ⅳ和Ⅴ）的波函数 $\Psi_k(x,y)$ 就可以写出来了。在各个区域，$\phi(x)$ 的形式分别是：

$$\phi_I(x) = e^{ik_x^n x}\begin{pmatrix} 1 \\ \dfrac{k_x^n + ik_n}{\varepsilon} \end{pmatrix} + \sum_{n'} e^{-ik_x^{n'}x}\begin{pmatrix} 1 \\ \dfrac{-k_x^{n'} + ik_{n'}}{\varepsilon} \end{pmatrix}$$

$$\phi_{II}(x) = \sum_m a_{1mn}e^{iq_x^m x}\begin{pmatrix} 1 \\ \dfrac{q_x^m + i(k_m + A)}{\varepsilon'} \end{pmatrix} + \sum_m b_{1mn}e^{-iq_x^m x}\begin{pmatrix} 1 \\ \dfrac{-q_x^m + i(k_m + A)}{\varepsilon'} \end{pmatrix}$$

$$\phi_{III}(x) = \sum_m a_{2mn}e^{ik_x^m x}\begin{pmatrix} 1 \\ \dfrac{k_x^m + ik_m}{\varepsilon} \end{pmatrix} + \sum_m b_{2mn}e^{-ik_x^m x}\begin{pmatrix} 1 \\ \dfrac{-k_x^m + ik_m}{\varepsilon} \end{pmatrix}$$

$$(4-30)$$

$$\phi_{IV}(x) = \sum_m a_{3mn}e^{iq_x^m x}\begin{pmatrix} 1 \\ \dfrac{q_x^m + i(k_m + A)}{\varepsilon'} \end{pmatrix} + \sum_m b_{3mn}e^{-iq_x^m x}\begin{pmatrix} 1 \\ \dfrac{-q_x^m + i(k_m + A)}{\varepsilon'} \end{pmatrix}$$

$$\phi_V(x) = \sum_{n'} t_{n'n}e^{ik_x^{n'}x}\begin{pmatrix} 1 \\ \dfrac{k_x^{n'} + ik_{n'}}{\varepsilon} \end{pmatrix}$$

式中：$A = A_y(x) = \beta(x)$ ，在入射区和透射区域 $\varepsilon = E/E_0 = \sqrt{k_x^2 + k_n^2}$ ，而在中间散射区域 $\varepsilon' = E/E_0 = \sqrt{q_x^2 + (k_m + \beta(x))^2}$ 。然后，我们根

据波函数边界连续：

$$\Psi_{\mathrm{I}}(0,y) = \Psi_{\mathrm{II}}(0,y)$$
$$\Psi_{\mathrm{II}}(d,y) = \Psi_{\mathrm{III}}(d,y)$$
$$\Psi_{\mathrm{III}}(d+D,y) = \Psi_{\mathrm{IV}}(d+D,y)$$
$$\Psi_{\mathrm{IV}}(L,y) = \Psi_{\mathrm{V}}(L,y)$$

$$(4-31)$$

可以得到连接各个波幅的一系列关系式，再根据波函数的正交归一性，化简之后可以得到体系的透射率：

$$T = \sum_{n'} |t_{n'n}|^2 \tag{4-32}$$

通过应用 Landauer-Büttiker 公式[80]，我们还可以计算出体系的弹道输运电导，即

$$G = \frac{4\mathrm{e}^2}{h}T \tag{4-33}$$

此外，隧穿磁阻可以被定义为 $TMR = 100\% \times (G_{\mathrm{P}} - G_{\mathrm{AP}})/G_{\mathrm{AP}}$ ，其中，G_{P} 和 G_{AP} 分别是平行和反平行磁化情况下的电导[97]。

4.4.2　结果与讨论

下面，我们讨论扶手椅型边缘石墨烯纳米条带在磁垒调节下体系的输运性质，以 149 - 扶手椅型石墨烯纳米条带和 148 - 扶手椅型石墨烯纳米条带为例。

为了更好地解释体系的输运特征，我们首先做出了体系的能带图，图 4-15 给出的是 149 - 扶手椅型石墨烯纳米条带的能量关于 $k_x l_B$ 的函数图像，其中，图 4-15 b 是没有磁垒调节区域的能带结构，图 4-15 a 和 c 分别是 $\beta = 2$ 和 $\beta = -2$ 对应的磁垒调节区域的能带结构。对于 149 - 扶手椅型石墨烯纳米条带，因为 $w = 75a_0$ ，若要 $k_n = n\pi/w - K = 0$ ，则 $n = 100$ ，所以最低的导带就对应于 $n = 100$ ，如图 4-15b 所示，且导带与价带交于 Dirac 点，表明这种条带是金属性质的。那么接下来的能量通道就对应于 $n = 101$ 或 99 ，尽管它们对应的 k_n 是相反的，但这两条能级是简并的，如图 4-15b 所示，并且后面的能量通道也是如此。然而，如图 4-15a 和 c 所示，在磁垒调节区域会有一个能隙

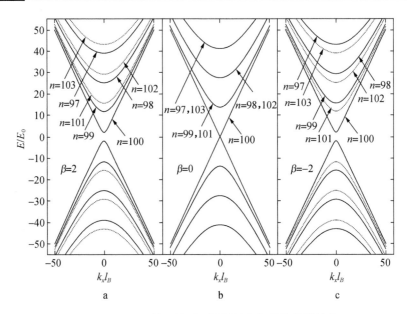

图4-15 149-扶手椅型石墨烯纳米条带的能带结构

149-扶手椅型石墨烯纳米条带的 Dirac 点能带是线性的，呈金属性质，但是在磁垒作用下有一个能隙打开。选取的能量单位是 $E_0 = \hbar v_F / l_B = 8.25$ meV 且 $l_B = 80$ nm

打开，且能级不再简并。重要的是，在 $\beta = 2$ 的磁调节区域中能级 $n = 101$ 高于 $n = 99$ ，而在 $\beta = -2$ 的磁调节区域中能级 $n = 99$ 要高于 $n = 101$ 。这一现象将会影响电子在整个系统中的输运。图4-16 给出的是 148-扶手椅型石墨烯纳米条带的能带结构，a、b 和 c 分别对应 $\beta = 2$ 、$\beta = 0$ 和 $\beta = -2$ 三个不同的区域。与 149-扶手椅型石墨烯纳米条带不同，图4-16b 表明这种条带是半导体性质，且因为 $w = 74.5a_0$ 时，k_n 有最小值，所以最低的导带对应于 $n = 99$ 。接下来的能级依次是 $n = 100$、98 等，且他们没有简并。然后，如图4-16a 和 c 所示，在磁垒调节区域有些能级变高而有些能级变低，这一现象也会影响电子在该体系的输运。

接下来，我们对这两种条带在磁垒调节下的弹道输运性质做了研究。图4-17 给出了体系的隧穿电导（量子化单位 $G_0 = 4e^2/h$ ）关于入射能量（量子化单位 $E_0 = \hbar v_F / l_B = 8.25$ meV ）的函数图像，对应的参数分别是 $\beta = 2$ 、$d = 2l_B$ 和 $D = 2l_B$ 。149-扶手椅型（a）和 148-扶手椅型（b）条带在磁垒平行和反平行情况下的电导呈现出以量子化平台

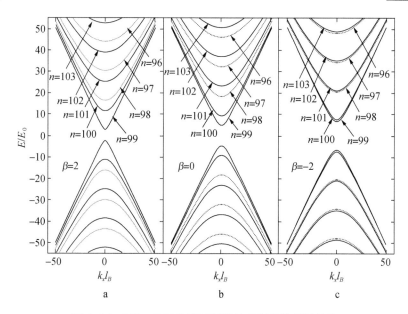

图4-16　148-扶手椅型石墨烯纳米条带的能带结构

148-扶手椅型石墨烯纳米条带的导带和价带之间有个带隙，呈半导体性质，但是在磁垒

作用下有一个能隙打开。选取的能量单位是 $E_0 = \hbar v_F/l_B = 8.25$ meV 且 $l_B = 80$ nm

增加的特征，并伴有振荡，原因是随着能量增加传输通道一个一个地打开，其振荡是由于共振隧穿。对于149-扶手椅型条带在平行磁垒作用下（图4-14b），3个不同区域体系的能带结构分别对应图4-15a、b和c，那么只有入射电子具有足够大的能量才能通过。相应于最低的能级 $n = 100$，当电子的入射能量达到 $E/E_0 = 2.0$ 时第一条传输通道打开，随着能量增加，后面的电导平台分别对应能级 $n = 99,101,98,102,\cdots$，如图4-17a所示。然而，当磁化方向反平行时（图4-14c），除了第一个电导平台其后的每两个平台简并在一起，如图4-17a虚线所示。根据3个不同区域体系的能带结构（图4-15a、b和c），显然第一个平台对应 $n = 100$ 传输通道的打开，接下来只有当电子的入射能量增加到 $E/E_0 = 15.65$ 时，对应 $n = 99$ 第二个传输通道才能打开。在这个条件下，对应 $n = 101$ 的传输通道也能打开，所以就有了简并的电导平台的出现。因此，对应体系在双磁垒作用下的能带结构，电导平台的简并与否定量上由不同磁调节区域之间传输模式的匹配决定。但是，对于

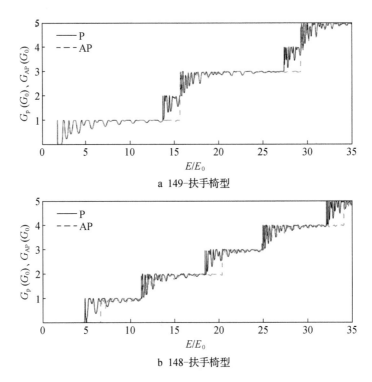

a 149-扶手椅型

b 148-扶手椅型

图4-17　双磁垒调节下扶手椅型石墨烯纳米条带电导关于能量的函数图像

148 - 扶手椅型条带，如图 4-17b 所示，在磁化平行和反平行情况下，随着能量增加所有的电导平台都是独立的。此外，从图上可以看到，平行和反平行电导的偶数平台开始的位置是相同的，而反平行电导的奇数平台在平行电导的后面。原因是，在磁化平行和反平行情况下，都是由不同磁调节区域中相同能级位置最高的那个来决定传输通道的打开。比较图 4-17a 和 b，我们可以发现 149 - 扶手椅型和 148 - 扶手椅型这两种条带的输运特征的显著区别。基于体系的能带结构，这些结果都可以由 3 个不同区域之间传输模式的匹配来很好地解释。对于这两种条带，因为在 3 个磁调节区域相同能级的位置不一样，所以只有当入射电子具有足够高的能量可以通过 3 个不同的区域时，才能使对应每一能级的传输通道打开。因此，3 个不同区域之间传输模式的匹配决定了整个体系传输通道的打开，这一研究结果有助于对这些条带输运机制的理解。

随着磁垒高度的增加，如图 4-18 所示，对于参数 $\beta = 6$ 这两种条带的电导平台都向高能量方向移动，且由于共振隧穿更加困难，电导平台的振荡也显著加强。对于 149 - 扶手椅型条带，磁化平行和反平行情况下非零电导开始的位置由 $E/E_0 = 2$ 明显地移到了 $E/E_0 = 6$ ，这表明在较强的磁垒作用下，金属性质的 149 - 扶手椅型条带打开了一个更大的能隙。此外，平行电导的偶数个平台明显变宽，而反平行电导的平台依然是简并的。对于 148 - 扶手椅型条带，如图 4-18b 所示，电导平台依然是独立的，平行和反平行电导的偶数个平台开始的位置依然是相同的，但是对于奇数个平台反平行电导开始的位置远落后于平行电导，这是因为磁化反平行情况下体系受到更强的抑制。我们可以推断，这些现象都是由 3 个不同磁调节区域间传输模式的匹配来决定的。根据这些研究结果，我们可以通过增强磁垒或改变磁化方向来调控扶手椅型条带的

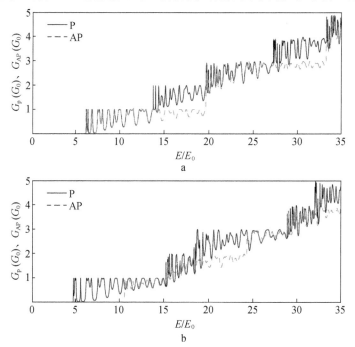

图 4-18 双磁垒调节下扶手椅型石墨烯纳米条带电导关于能量的函数图像

a：149 - 扶手椅型；b：148 - 扶手椅型；实线和虚线分别是磁化方向平行和反平行情况下的
电导，结构参数即磁垒的高度、宽度、间隔分别是 $\beta = 6$ 、$d = 2l_B$ 和 $D = 2l_B$

输运性质。

在分析体系输运电导的基础上，图4-19给出了149-扶手椅型和148-扶手椅型条带的共振隧穿磁阻关于电子入射能量的函数图像，图中实线和虚线分别对应磁垒高度 $\beta = 2$ 和 $\beta = 6$。其他结构参数即磁垒的宽度和间隔分别是 $d = 2l_B$ 和 $D = 2l_B$。从图中我们可以看到，在平行电导与反平行电导比值较大的区域，磁阻比率也呈现平台特征。对于149-扶手椅型条带，如图4-19a实线所示，在 $\beta = 2$ 时，$13.56 < E/E_0 < 15.3$ 和 $27.3 < E/E_0 < 29.1$ 这两个范围内磁阻出现平台。当磁垒强度增加到 $\beta = 6$，如图4-19a虚线所示，磁阻振荡更加强烈，且平台向高能量方向展宽。相似地，如图4-19b所示，148-扶手椅型条带的磁阻比率也显示出与149-扶手椅型条带相同的特征。然而，低能量区域的磁阻比率这里没有给出，由于磁阻比率的定义及反平行电导几乎为零，低能量区域的磁阻比率是无限大的。例如，$\beta = 2$ 时 $E/E_0 < 6.54$ 和

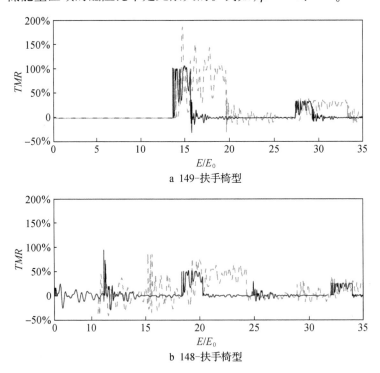

a 149-扶手椅型

b 148-扶手椅型

图4-19   双磁垒调节下扶手椅型石墨烯纳米条带的磁阻比率关于能量的函数图像

$\beta = 6$ 时 $E/E_0 < 10.77$ 这两个范围。此外，随着磁垒高度增加，149 –
扶手椅型条带的最大磁阻比率由107%增加到187%，而148 – 扶手椅型
条带的最大磁阻比率都小于100%。这个现象也可以反映出这两种体系
中电子的共振隧穿行为在磁化平行和反平行情况下的不同，并告诉我们
或许通过改变磁垒构型可以增加磁阻比率。

　　在此之前，相似的工作由 Papp 和 Peeters、Masir 等[132,133,100]分别在
二维电子气及石墨烯体系研究过。在二维电子气体系，平行电导会出
现[133]急剧的快速增长和较高的峰谷比，且由于磁化平行和反平行情况
下弹道输运的显著不同会导致较大的磁阻比率。与我们结果相似的是，
当磁垒足够高时，电导会向高能量方向移动并伴有很多共振峰。此外，
在石墨烯受磁超晶格[100]或双磁垒[134]调节的情况，电导和磁阻都是随
着能量增加连续变化的。所有早期的研究大都是基于二维无限大体系，
而这里我们研究的体系横向受限，因此，电导和磁阻都显示出量子化的
特征，这一点是与之前的工作区别最显著的地方。

　　当石墨烯横向受到限制，正如参考文献[115]中所说，相应于离散化
的能级随着能量增加传输通道一个一个地打开，因此，扶手椅型条带的
电导呈现出量子化的平台特征。我们还讨论了平行和反平行磁垒对金属
性和半导体性扶手椅型条带输运性质的影响，发现传输通道的打开及简
并与否都依赖于传输模式间的匹配。此外，相应的磁阻在某些能量范围
也表现出平台特征。这些结果是之前的工作中没有的，有助于进一步的
理论和实验研究。

　　我们得到的研究结果都是在零温下的情况。如果是在有限温度情况
下，体系中电子的平均自由程将减小，弹道输运的主要贡献将来源于局
域在 $(E_F - k_B T, E_F + k_B T)$ 范围内[135]的电子，因此对于低温情况共振隧
穿依然存在。随着温度增加，由于电子布局的变化所得到的电导曲线将
变得平滑。

　　最后，我们再简要说一下锯齿型边缘条带，在每一个原胞中的两个
边缘的原子彼此种类不同。例如，如果是 A 原子在顶端，则 B 原子在底
端。硬壁式边界条件要求 $\varphi_A(y = L) = 0$ 和 $\varphi_B(y = 0) = 0$。这些条件
导致量子化的 y 方向波矢 k_n 与 x 方向波矢 k_x 是耦合在一起的，需要一

种特殊的方法才能去精确求解锯齿型边缘条带的透射率。例如，入射粒子的横向波矢 k_n 与反射粒子的不同，并且每个区域不同部分之间的波函数一般是重叠在一起的。所以，在此我们没有讨论锯齿型边缘条带的输运性质。

4.5 本章小结

本章我们根据 Dirac 方程，利用转移矩阵方法，分别研究了石墨烯二维电子气及其扶手椅型条带在两个可调磁垒作用下的输运性质，主要包括平行和反平行构型下体系的透射谱、隧穿电导和磁阻随结构参数变化的特征。

对石墨烯二维电子气的研究表明，在强磁垒作用下，电子低能量区域禁止导通，并且反平行情况下的透射谱不再关于入射角对称。当两磁垒间隔变大时，间隔区左行波和右行波干涉的增强使得体系透射谱更加离散化。当磁垒宽度变大时，由于衰减态的存在，衰减长度低于磁垒宽度的电子波将不能透过磁阻。相应地，体系的隧穿电导和磁阻受结构参数变化也比较明显，磁垒绝对和相对高度的增强及宽度变大都可以使电导减小、磁阻增大，而间隔变大只是使电导和磁阻振荡更强。这些结果有助于人们更加全面地了解磁调节下石墨烯的输运特征。

对于扶手椅型边缘石墨烯纳米条带，由于横向受限使得体系能级离散化，在外加双磁垒的作用下，平行和反平行构型下体系都呈现出量子化的平台电导，这是因为随着电子入射能量增加，体系的传输通道是一个一个打开的。对应能带结构，每一平台开始的位置及平台是否简并都是由 3 个不同磁调节区域间传输模式间的匹配决定的。而且，研究还表明在较强磁垒的作用下，金属性的扶手椅型条带也会打开能隙。随着磁垒增强，体系的电导平台向高能量方向移动，并且振荡加强。此外，在某些能量范围，相应的磁阻也会呈现平台特征。这些研究结果将有助于纳米电子器件的设计。

第五章 三维拓扑绝缘体表面

5.1 研究背景

  拓扑绝缘体[136]因其新奇的性质和重要应用价值[137]，已经使得人们在理论和实验方面越来越多地关注它。它的主要特征是体材料本身是绝缘体，但却具有无能隙的表面态[33,34,39,40,138-140]。在三维拓扑绝缘体中，已经证明[4,41,141-144]表面态有奇数个 Dirac 点，且表面态不会受到杂质与无序的影响。由于强的自旋轨道耦合作用，电子的自旋与动量锁定并垂直于动量，这些表面态是受时间反演对称性[38,145,146]保护的。

  有趣的是，表面态的性质可以通过电和（或）磁[147-154]来调控。例如，体系电导对铁磁条或门电压非常敏感这一现象已经被证明[153,154]，Mondal 研究小组[155]也得到了一种有趣的方法，在三维拓扑绝缘体表面实现磁开关，即通过由一个铁磁条产生的交换场来实现。近年来，在磁超晶格作用下，Zhang 等[156]还研究了三维拓扑绝缘体表面 Dirac 电子的能带结构和输运特征。他们发现，在磁化方向平行时 Dirac 点在磁超晶格的作用下有所偏移，而反平行情况下却没有，并且在平行和反平行情况下体系的透射谱都有传输带隙出现。随后，在三维拓扑绝缘体表面施加滑动的磁超晶格[157]和螺旋的磁超晶格[158]的情况也分别被研究了，这些体系的能谱显示只有两个 Dirac 点，但是有很多半 Dirac 点[157,158]。铁磁作用对传统二维电子气上的影响，早已被大量研究[159]，并且研究[112]发现在单层石墨烯上施加周期电磁场，可以使得导带和价带之间有能隙引入。然而，在三维拓扑绝缘体表面，周期性矢势结合标势的作用对其输运性质的影响还没有被研究。这一体系可以通过在拓扑绝缘体表面施加周期性的铁磁条和肖特基金属条来实现，预计有可能出现很多不同于半导体异质结二维电子气$^{[159]}$和石墨烯$^{[112]}$的性质。

本章，我们将从体系的哈密顿量出发，利用转移矩阵方法，理论研究 Bi_2Se_3 晶体的（111）表面在电磁超晶格作用下 Dirac 电子的输运性质及其自旋极化分布特征。

5.2 电磁超晶格作用下的电导与自旋极化分布

5.2.1 模型描述与公式推导

如图 5-1a 所示，我们研究的体系是处于 (x,y) 平面的三维拓扑绝缘体表面，附有电磁超晶格的近邻作用。这一体系可以通过在三维拓扑绝缘体表面交替放置$^{[159]}$铁磁条和肖特基金属条来实现，这样就会产生局域的电场和磁场。体系 Dirac 点的哈密顿量可以写为$^{[154]}$：

$$H = v_F\sigma \cdot [\boldsymbol{P} + e\boldsymbol{A}(x)] + V(x) \tag{5-1}$$

式中：忽略了塞曼项，且取 $\hbar = c = 1$，v_F 是费米速度，$\boldsymbol{P}$ 是平面内动量算符，e 是电子的电荷，$\sigma = (\sigma_x,\sigma_y)$ 是泡利矩阵，$\boldsymbol{A}(x)$ 是铁磁条引入的矢势，$V(x)$ 是肖特基金属条引入的标势。

我们设定铁磁条引入的局域磁场是：

$$V(x) = V_0[\Theta(x - d_1 - w)\Theta(d_1 + w + d_2 - x) + \lambda\Theta(x - L - d_1 - w)$$
$$\Theta(L + d_1 + w + d_2 - x)]$$

$$B_z(x) = B_0[\delta(x) - \delta(x - d_1)] + \lambda B_0[\delta(x - L) - \delta(x - L - d_1)]$$

在朗道规范下其相应矢势可以写为：

$$A_y(x) = B_0 d_1[\Theta(x)\Theta(d_1 - x) + \lambda\Theta(x - L)\Theta(L + d_1 - x)]$$

肖特基金属条引入的电标势是。这里 $\Theta(\cdot)$ 是阶跃函数，$\delta(\cdot)$ 是 δ — 函数，$\lambda = 1$ 和 -1 对应于磁化方向的平行和反平行如图 5-1b 和 c 所示，d_1 和 d_2 分别是磁垒和电垒的宽度，w 是任意两个垒之间的间隔。相应地，在有磁垒区域磁化方向沿着 $\pm y$ 方向，其他区域为零，$A_y(x)$ 可以取为一个常数 $m = B_0 d_1$。平行情况下周期长度是 $L = d_1 + d_2 + 2w$，而反平行情况下周期长度是 $2L$。因此，N 个周期的（磁）矢势和（电）标势可写为 $A_y(x) = A_y(x + nL)$ 和 $V(x) = V(x + nL)$。

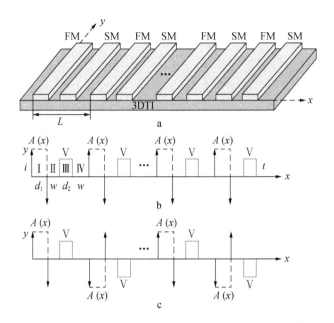

图 5-1　三维拓扑绝缘体表面电磁超晶格的构型图

a：具体构型，其周期长度是 L；b：平行情况下，磁场 $B(x)$（带箭头的实线）、
相应矢势 $A(x)$（方形虚线）和电垒（方形点线）的构型图，磁垒和电垒的
宽度分别是 d_1 和 d_2，其间隔是 w；c：与 b 类似，对应反平行情况下的构型图

通过引入磁长度 $l_B = \sqrt{\hbar/eB_0}$，可以对哈密顿量里所有物理量无量纲化，即磁场 $B_z(x) \to B_z(x)B_0$，坐标 $\boldsymbol{r} \to rl_B$，波矢 $\boldsymbol{k} \to k/l_B$，矢势 $A_y(x) \to A_y(x)B_0l_B$，标势 $V(x) \to V(x)V_0$，及能量 $E \to EE_0$。因此，哈密顿量可以写为：

$$H = \begin{pmatrix} V(x) & k_x - i(k_y + A_y((x))) \\ k_x + i(k_y - A_y((x))) & V(x) \end{pmatrix} \tag{5-2}$$

然后代入 Dirac 方程 $H\psi(x,y) = E\psi(x,y)$，其波函数可取为：

$$\psi(x,y) = \begin{pmatrix} \psi_{\mathrm{I}}(x,y) \\ \psi_{\mathrm{II}}(x,y) \end{pmatrix} \tag{5-3}$$

因为由上述哈密顿量描述的体系沿着 y 方向是不变的，Dirac 电子的波函数可以写为 $\psi(x,y) = e^{ik_y y}\phi(x)$，其中，$k_y$ 是横向波矢，$\phi(x)$ 是自旋相关函数。在没有调节势的区域，x 和 y 方向的波矢可以分别写为 $k_1 = E\cos\alpha$ 和 $q_1 = E\sin\alpha$，α 是入射角。平行情况下，在磁垒或电垒调节区域的波矢可以分别写为 $k_2 = \sqrt{E^2 - (k_y + A_y)^2} = E\cos\beta$ 和 $q_2 = k_y + A_y = E\sin\beta$，$k_3 = \sqrt{(E - V_0)^2 - k_y^2} = (E - V_0)\cos\gamma$ 和 $q_3 = (E - V_0)\sin\gamma$，其中，$\beta$ 和 γ 分别是磁垒区和电垒区的折射角。同理，反平行的情况下，正向磁垒区和电垒区的波矢如上，在负向的磁垒区和电垒区，波矢分别是 $k_2' = \sqrt{E^2 - (k_y - A_y)^2} = E\cos\beta'$ 和 $q_2' = k_y - A_y = E\sin\beta'$，$k_3' = \sqrt{(E + V_0)^2 - k_y^2} = (E + V_0)\cos\gamma'$ 和 $q_3' = (E + V_0)\sin\gamma'$，其中，$\beta'$ 和 γ' 是负向磁垒和电垒调节区域的折射角。

因此，在入射区（i）、透射区（t）、无限制势区（Ⅱ，Ⅳ）、磁垒区（Ⅰ）、电垒区（Ⅲ）的波函数可以统一写为：

$$\phi(x) = a_X e^{ik_j x}\begin{pmatrix} 1 \\ e^{i\varphi} \end{pmatrix} + b_X e^{-ik_j x}\begin{pmatrix} 1 \\ -e^{-i\varphi} \end{pmatrix} \tag{5-4}$$

式中：a_X 和 $b_X(X = i, Ⅰ, Ⅱ, Ⅲ, \cdots, t)$ 是相应各区域波函数的系数，对应的波矢和折射角分别是 $k_j(j = 1,2,3)$ 和 $\varphi = (\alpha,\beta,\gamma)$。此外，对应反平行情况下负向磁垒区和电垒区的波矢和折射角分别是 k_2' 和 k_3'、β' 和 γ'。

根据波函数在不同限制势区域的边界连续，N 个周期从左到右的波函数系数可以由下式连接起来：

$$\begin{bmatrix} a_i \\ b_i \end{bmatrix} = \prod_{n=0}^{N-1}\left(\frac{1}{16q_1^2 q_2 q_3 E(E - V_0)}\right)^{n+1} M(n)\begin{bmatrix} a_t \\ b_t \end{bmatrix} \tag{5-5}$$

这里：

$$M(n) = \begin{bmatrix} e^{i(q_1-q_2)d_1}f_1 - e^{i(q_1+q_2)d_1}f_2 & 2ie^{-iq_1(2nL+d_1)}\sin(q_2 d_1)f_3 \\ 2ie^{iq_1(2nL+d_1)}\sin(q_2 d_1)f_4 & e^{-i(q_1-q_2)d_1}f_1 - e^{-i(q_1+q_2)d_1}f_2 \end{bmatrix}$$
$$\begin{bmatrix} e^{i(q_1-q_3)d_2}f_5 - e^{i(q_1+q_3)d_2}f_6 & 2ie^{-iq_1((2n+1)L+d_1)}\sin(q_3 d_1)f_7 \\ 2ie^{iq_1((2n+1)L+d_1)}\sin(q_3 d_2)f_8 & e^{-i(q_1-q_3)d_2}f_5 - e^{-i(q_1+q_3)d_2}f_6 \end{bmatrix} \tag{5-6}$$

是转移矩阵，其中有 8 个参数，分别是：

$$f_1 = (q_1 + q_2)^2 + m^2$$

$$f_2 = (q_1 - q_2)^2 + m^2$$

$$f_3 = (q_1 + im)^2 - q_2^2$$

$$f_4 = q_2^2 - (q_1 - im)^2$$

$$f_5 = [(E - V_0)q_1 + Eq_3]^2 + (V_0 k_y)^2$$

$$f_6 = [(E - V_0)q_1 - Eq_3]^2 + (V_0 k_y)^2$$

$$f_7 = [(E - V_0)q_1 + iV_0 k_y]^2 - (Eq_3)^2$$

$$f_8 = (Eq_3)^2 - [(E - V_0)q_1 - iV_0 k_y]^2$$

因此，结合公式（5-5）和公式（5-6），利用转移矩阵方法我们可以得到体系的透射率 $T = |a_t/a_i|^2 = |t(E, k_y)|^2$。则根据 *Landauer-Büttiker* 公式[80]：

$$G(E_F) = G_0 \int_{-\pi/2}^{\pi/2} T(E_F, E_F \sin\alpha) \cos\alpha \, d\alpha \qquad (5-7)$$

可以得到低温下体系的输运电导。电导量子化单位是 $G_0 = e^2 |E_F| l_y/(2\pi h)$，其中 l_y 是所有磁条或金属条的长度且远大于 NL，α 是相对于 x 方向的入射角，E_F 是费米能量。体系的隧穿磁阻我们定义为 $TMR = (G_P - G_{AP})/G_{AP}$，这里 G_P 和 G_{AP} 分别是平行和反平行情况下体系的电导[97]。

此外，为了更好地理解电磁超晶格对三维拓扑绝缘体表面 *Dirac* 电子输运性质的影响，我们有必要研究下体系的能带结构。对于一个给定的布洛赫波矢，根据波函数即公式（5-4）连续的条件和超晶格的周期性边界条件，可以得到能量 $E(k_x)$ 的隐函数，即超越方程[112]，在平行情况下其形式如下：

$$\cos(k_x L) = trace(M_T^P)/2 \qquad (5-8)$$

式中：L 是如图 5-1b 所示平行情况下的周期长度，k_x 是布洛赫波矢，一个周期的整个转移矩阵就是：

$$M_T^P = M(d_1, \beta) M(\omega, \alpha) M(d_2, \gamma) M(\omega, \alpha) \qquad (5-9)$$

式中：$M(\omega, \alpha)$、$M(d_1, \beta)$ 和 $M(d_2, \gamma)$ 分别是在无限制区、磁垒区和电垒区的特征矩阵。这些矩阵可以统一写成如下形式[112]：

$$M(d,\varphi) \;=\; \frac{1}{\cos\varphi}\begin{bmatrix} \cos(\xi^+) & -i\sin(\eta) \\ -i\sin(\eta) & \cos(\xi^-) \end{bmatrix} \tag{5-10}$$

式中：$\xi^{\pm} = \varphi \pm Ed\cos\varphi$、$\eta = Ed\cos\varphi$、$d = (d_1, w, d_2)$ 和 $\varphi = (\alpha, \beta, \gamma, \beta')$ 分别是不同区域的宽度和折射角。另外，对于如图 5-1c 所示的反平行情况，其周期长度是 $2L$，一个周期的整个转移矩阵变为[112]：

$$M_T^{\mathrm{AP}} = M(d_1, \beta)M(w, \alpha)M(d_2, \gamma)M(w, \alpha)$$

$$M(d_1, \beta')M(w, \alpha)M(d_2, \gamma')M(w, \alpha) \tag{5-11}$$

那么在超越方程即公式（5-8）中将周期长度和整个转移矩阵应该用 $2L$ 和 M_T^{AP} 代替，来求反平行情况下的能谱。

另外，拓扑绝缘体表面的显著特征是自旋极化矢量 $\boldsymbol{P} = (\langle \sigma_x \rangle, \langle \sigma_y \rangle, \langle \sigma_z \rangle)$ 的螺旋性，如果波函数即公式（5-3）可以写为 $\psi = c_1(x,y)\begin{pmatrix} 1 \\ 0 \end{pmatrix} + c_2(x,y)\begin{pmatrix} 1 \\ 0 \end{pmatrix}$，则我们可以得到体系自旋极化的三个分量：

$$P_x = [\sigma_x] = 2\mathrm{Re}(c_1^* c_2) = 2(a_X^2 - b_X^2)\cos\varphi$$

$$P_y = [\sigma_x] = 2\mathrm{Im}(c_1^* c_2) = 2[(a_X^2 + b_X^2)\sin\varphi + 2a_X b_X \sin(2k_j x + \varphi)]$$

$$P_z = [\sigma_z] = |c_1|^2 - |c_2|^2 = 2a_X b_X[\cos(2k_j x) + \cos(2k_j x + 2\varphi)]$$

$$\tag{5-12}$$

式中：a_X 和 b_X 是能量 E 和波矢 k_y 的函数。同样的方法，根据入射波 $a_i \mathrm{e}^{ik_1 x}\begin{pmatrix} 1 \\ \mathrm{e}^{i\alpha} \end{pmatrix}$，反射波 $b_i \mathrm{e}^{-ik_1 x}\begin{pmatrix} 1 \\ \mathrm{e}^{-i\alpha} \end{pmatrix}$ 及透射波 $a_t \mathrm{e}^{ik_1 x}\begin{pmatrix} 1 \\ \mathrm{e}^{i\alpha} \end{pmatrix}$，可以分别得到入射电子、反射电子及透射电子的自旋极化分量：

$$P_x = |a_i|^2 \cos\alpha, \; P_y = |a_i|^2 \sin\alpha, \; P_z = 0$$

$$P_x = |b_i|^2 \cos\alpha, \; P_y = -|b_i|^2 \sin\alpha, \; P_z = 0 \tag{5-13}$$

$$P_x = |a_t|^2 \cos\alpha, \; P_y = |a_t|^2 \sin\alpha, \; P_z = 0$$

式中：a_i、b_i 和 a_t 是能量 E 和波矢 k_y 的函数（一般入射系数 a_i 取为 1）。

接下来，我们将给出 $\mathrm{Bi}_2\mathrm{Se}_3$ 三维拓扑绝缘体表面在电磁超晶格作用下，Dirac 电子的能带结构、透射率、电导和自旋极化的一些计算结果和讨论，体系周期个数取为 $N = 20$，结构参数是 $d_1 = d_2 = w = l_B =$

25.6 nm，能量量子化单位 $E_0 = \hbar v_F / l_B = 12.8$ meV。

5.2.2 透射谱及电导与电垒和磁垒高度的关系

图 5-2 给出了电磁超晶格作用下体系在平行和反平行情况对应的能谱。首先，我们可以看到由于超晶格的作用，能谱中有很多子带出现，并且定量上能带结构在平行与反平行情况下是相似的。然而，比较图 5-2a、b、c 和 d、e、f 发现，在相同的能量窗口（0~7）反平行情况下的能谱比平行情况下有更多的子带。这是因为在反平行情况下 Dirac 电子在每个周期会被更多不同势垒调制，所以会有更多的能量通道。再者，从图 5-2b 和 e 我们可以看出，无论是平行还是反平行情况，

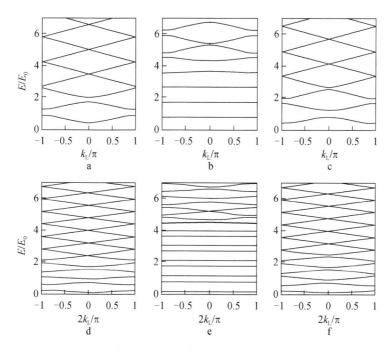

图 5-2 电磁超晶格调节下 Dirac 电子的色散关系

周期数是 $N = 20$，结构参数是 $d_1 = d_2 = w = l_B = 25.6$。当 $k_y = 0$ 时，能量 E（单位是 E_0）关于布洛赫波矢 k_x 的函数图像。a、b、c 是平行情况下体系的能谱，对应的结构参数分别是 $m = 1$ 和 $V_0 = 1$，$m = 4$ 和 $V_0 = 1$，$m = 1$ 和 $V_0 = 4$。d、e、f 是反平行情况下体系的能谱，对应的结构参数的与 a、b、c 相同

随着磁垒高度的增加，由于洛伦兹力电子被局域在磁场中形成局域态，在低能量区域的子带几乎平行于波矢，即传输速度 $\partial E/\partial k_x$ 将趋于零，电子传输将会禁止[156]。因此，体系在电磁超晶格的作用下，呈现明显的半导体输运行为。后面的透射率也证明了这一特征。这与螺旋形磁超晶格的情况[158]明显不同，后者在费米能量附近没有磁引入的能隙，但是有两个 Dirac 点和很多半 Dirac 点。此外，当电垒高度增强时，虽然能带结构变化很微小，但它对电子输运性质的影响却很明显，后面给出的透射率说明了这一点。这与石墨烯在电垒和磁垒彼此分离的 Kronig-Penney 模型下情况[112]相似，与参考文献［113］的"Fig. 11"相比较，这里的能隙更加明显。

下面，我们讨论平行和反平行情况下体系的透射率和电导特征。图5-3 给出了平行构型下，调节结构参数透射率关于入射能量 E（量子化单位是 E_0）和入射角 α（量子化单位是 π）的图像。如图 5-3a 所示，对应平行情况下磁垒强度和电垒强度 $m = V_0 = 1$ 时体系的透射率，可以看出透射率关于入射角 α 不对称，这与参考文献［154］和［156］的结果一致。随着能量 E 的增加，当电子入射能量值正好在能隙中时，如能隙（0.12 ~ 0.50）和（0.94 ~ 1.31）等，这时透射率几乎是零，因此透射谱呈现离散化的状态。有趣的是，当磁垒强度增强时，我们可以发现透射谱向高能量范围移动，如图 5-3b 所示。这是由于在低能量区域，能带几乎是平行于费米能级（图 5-2b），体系传输速度 $\partial E/\partial k_x$ 趋于零，电子禁止导通，所以体系在低能量范围透射率也几乎为零。由于费米能级附近能隙的存在，这是一个非常显著的半导体输运行为。此外，当电垒强度变大时，如图 5-3c 所示，在高能量区域只存在小角度入射通道，特别是在 $E = V_0$ 附近。由于电垒的引入且 $k_3 = \sqrt{(E - V_0)^2 - k_y^2}$，当入射能量接近于电垒高度时，衰减模式就会出现[154]，此时大角度入射已经被阻碍，体系的这一特征可以用来电子束校准。这与滑动磁超晶格[157]的整流效应是完全不同的。

图 5-4 给出了反平行情况下体系的透射谱，其中 3 个图分别是不同参数时透射率关于入射角 α（量子化单位是 π）和入射能量 E（量子

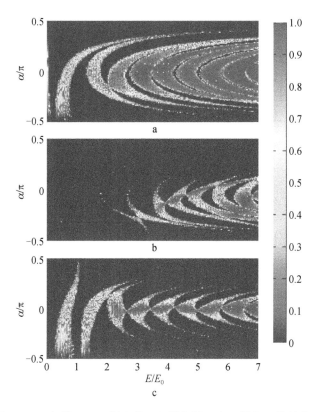

图5-3　平行情况下透射率关于入射能量 E 和入射角 α 的轮廓图

参数分别与图5-2a、b、c相同

化单位是 E_0）的函数图像。与平行情况相比，反平行情况下体系透射谱往往是关于入射角对称的，这在参考文献［154］和［156］中也证明过。因为反平行情况下的磁矢势和电标势都是关于结构中心对称的，所以体系会表现出与 $\hat{T}\hat{R}_x\hat{\sigma}_y$ 相关的对称性，其中，$\hat{T}$ 是时间反演算符，$\hat{R}_x$ 是对于超晶格中心的反射算符，则体系总是满足 $E(k_y) = E(-k_y)$，因此反平行情况下的透射率是关于入射角对称的。通过比较图5-4a和图5-3a，我们可以看到，除了入射能量值在能隙之内时体系的透射率几乎是零之外，反平行情况下传输通道数目要多于平行情况下，这是由体系的能带结构（图5-2）决定的。再者，当磁垒高度增强时，明显的半导体输运性质出现，与平行情况一样，在导带底很多能级几乎平行于

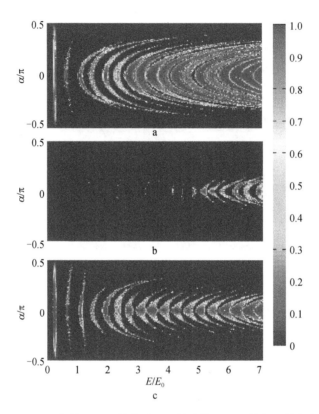

图 5-4　反平行情况下透射率关于入射能量 E 和入射角 α 的轮廓图

参数分别与图 5-2a、b、c 的相同

费米能级，使得在低能量范围电子传输速度趋于零。结合已有的工作比较分析，Zhang 等[156]也在三维拓扑绝缘体表面证明了传输带隙的存在，但是在它们的体系中，平行情况下是半导体输运性质而反平行情况下是金属性质。在我们的模型中，只要磁垒调节足够强，在平行和反平行情况下都会存在明显的半导体输运性质。此外，反平行情况下的透射率明显比平行情况下受到的抑制作用更强，这与二维电子气[86]和石墨烯[109]是相似的。随着电垒增强，反平行情况下的透射率也出现了电子束校准性质，并且是更加离散化和更加集中的校准。

　　相应地，图 5-5 给出了体系平行和反平行情况下电导 G_P 和 G_{AP}（量子化单位是 G_0）关于电子入射能量的函数图像，其中 3 个图分别对应超晶格不同的结构参数。对于较小的 m 和 V_0，如图 5-5a 所示，随着电子入射能量的上升，两条电导线都呈现振荡上升，这与参考文献[156]中的结果相似。但是，这里对于平行和反平行构型振荡都更加强烈，且由于传输速度不为零，即在能量范围（0.1~0.24）内存在传输通道，G_{AP} 线上呈现出一个电导尖峰。随着 m 的增加，在较低能量范围电导曲线转变成了禁止导通状态，如图 5-5b 所示，且由于更强的抑制作用反平行下的禁止导通范围更宽。这正是前面所说的半导体输运行为。同理，在高能量范围反平行电导 G_{AP} 低于 G_P。再者，如图 5-5c 所示，当 V_0 足够大时，电导除了在 $E = V_0$ 附近较小外也是振荡上升的。原因是在高能量范围传输通道仅存在于小角度入射区域，尤其是在 $E = V_0$ 附近。此外，由于平行和反平行构型的不同，从图 5-5a 我们可以推断出在低能量范围（0.3~0.5）和（0.7~1）会有较大的隧穿磁阻出现。

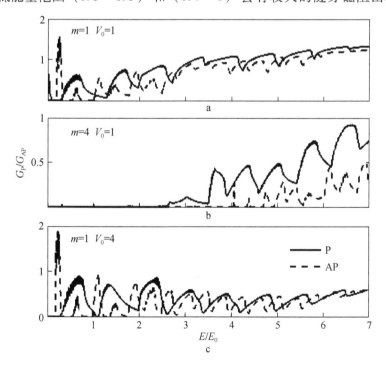

图5-5 体系隧穿电导关于入射能量 E 的函数图像

参数分别与图 5-2a、b、c 相同

随着磁垒高度增加，较大的隧穿磁阻会出现在更宽的能量范围（2.6 ~ 4.7）内，如图5-5b所示。通过计算可知，隧穿磁阻的最大值高达 $5 \times 10^7\%$ ，这要比传统的二维电子气[86]和石墨烯都要大。从图5-5c可以推断，较大的隧穿磁阻会出现在低能量范围。由于低能量区域隧穿磁阻的数量级与高能量区域相差很大，所以在此我们没有给出隧穿磁阻的图像。

5.2.3 电子自旋极化分布

接下来，我们讨论体系电子的自旋分布特征。平行构型下，体系的入射电子、反射电子和透射电子的自旋极化在动量空间关于入射能量和入射角的分布图像如图5-6所示。显然，电子自旋极化关于入射能量和入射角的分布与图5-3中的透射谱非常一致。如图5-6a所示，透射电子的自旋取向总是沿着入射电子的方向，原因是电磁超晶格结构关于中心是对称的，也可以由公式（5-13）证明。然而，因拓扑绝缘体表面电子自旋与动量的锁定，且反射波的波矢沿着相反的纵向，反射电子的自旋取向总是旋转一个角度。同时，公式（5-13）也表明了反射电子的自旋极化 y 分量与入射电子是相反的。此外，图5-6b和图5-6c分别对应更强磁垒或电垒下的自旋极化分布。可以看出，电子自旋极化的取向与图5-6a一样，但透射电子存在的区域不同。这与参考文献［154］中反平行构型下方形磁垒的情况一致（见参考文献［154］"Fig. 5c"和"Fig. 5d"）。不同的是，哈密顿量的点乘和叉乘[154]引起了一个相位差。

图5-7对应反平行情况下电子自旋极化的分布。由于 δ 磁垒实质上是宽度很小的方形磁垒[148]，所以除了反射电子和透射电子分布区域不同之外，反平行与平行情况下的自旋取向相同。

最后，为了进一步探讨超晶格对拓扑绝缘体表面电子自旋极化的影响，在固定参数下，即 $E = 6.6E_0$ ， $\alpha = \pi/6$ ， $m = V_0 = 1$ ，我们做出了入射区和透射区自旋极化的空间分布，如图5-8所示。这里的参数是任意选取的，不过足以反映出自旋极化的特征。在入射区，从图5-8a我们可以看出，平面内自旋极化的幅度和方向与空间坐标有关。由于无限

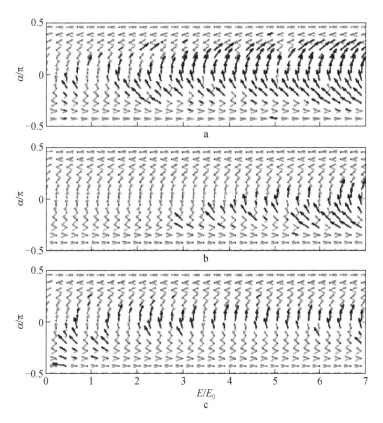

图 5-6 平行情况下入射电子、反射电子和透射电子的
自旋极化关于入射能量和入射角的分布

参数分别与图 5-2a、b、c 相同

大平面内入射区域左行波和右行波的干涉，平面内自旋极化的幅度和方
向仅在 x 方向周期性变化。这与 y 方向也受限的 T – 型波导[160] 不同，
其自旋极化在 x 和 y 方向都是周期振荡的。对于选取的入射能量 6.6 和
入射角 $\pi/6$，根据自旋极化公式（5-12）中的 P_x 和 P_y 表达式，我们可
以计算出入射区域自旋极化随 x 坐标变化的周期长度是 $0.55l_B$。再者，
入射区域自旋极化的 z 分量在图 5-8c 中给出，从公式（5-12）中的 P_z
表达式可知，除了一个相位之差，z 分量的周期长度与平面内自旋极化
是相同的。因此，三维拓扑绝缘体表面自旋平面的锁定在加了超晶格之

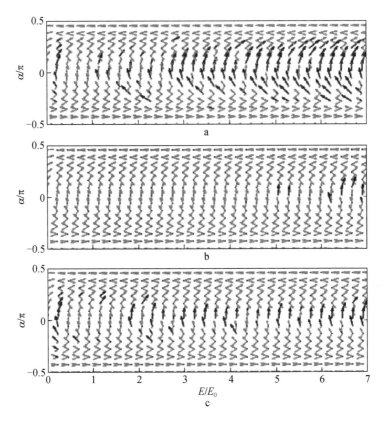

图 5-7　反平行情况下入射电子、反射电子和透射电子的

自旋极化关于入射能量和入射角的分布

参数分别与图 5-2a、b、c 相同

后被打破了[160]。在散射区域，可以推断其自旋的空间分布也是沿 x 方向周期振荡的，并且不同磁垒、电垒调节区域周期不同。然而，如图 5-8b 所示，透射区自旋极化的方向是固定在 $\pi/6$ 的入射方向。其原因是，在透射区域只有透射波（$b_t = 0$），公式（5-12）也表明自旋极化与坐标是无关的，它只随着入射角度变化。根据公式（5-12）我们得到透射区的自旋极化 z 分量是零，且图 5-8b 也证明了这一点。对于反平行情况，入射区和透射区的自旋极化在这里与平行情况下相同，但是散射区是不同的。这些性质可为进一步研究三维拓扑绝缘体的输运性质做参考。

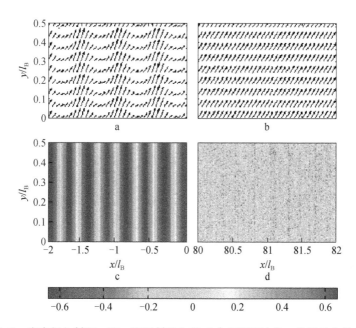

图 5-8　实空间入射区 **a** 和 **c** 和透射区 **b** 和 **d** 电子平面内和 z 分量的自旋分布

对应于平行情况下及选定的参数 $E = 6.6E_0$，$\alpha = \pi/6$，$m = V_0 = 1$

　　结合三维拓扑绝缘体表面加不同超晶格[157,158]的情况，我们发现，三维拓扑绝缘体表面的电子结构和输运性质对外部环境非常敏感。例如，施加随时间变化的滑动磁超晶格[157]就会出现整流效应，施加螺旋形磁超晶格[158]体系就会有两个 Dirac 点和很多半 Dirac 点，而在此，电磁超晶格的作用使得体系的半导体输运性质被导出。因此，在进一步的研究中，我们可以通过各种外部环境来调控三维拓扑绝缘体表面的电子输运性质。

5.3　本章小结

　　本章我们根据 Dirac 方程，利用转移矩阵方法系统地研究了三维拓扑绝缘体表面在电磁超晶格作用下体系的能带结构、透射谱、电导随电磁超晶格强度变化的特征，且又推导计算了体系的自旋极化矢量，研究了体系电子在动量空间和实空间的自旋极化取向分布特征。

对体系能带的研究表明，在同样的能量窗口，反平行情况下的子能级数目多于平行情况。随着磁垒增强，无论是平行还是反平行构型，低能量区域子带几乎平行于费米能级，即传输速度 $\partial E/\partial k_x$ 将趋于零，表明电子的传输被禁止。电垒的增强对体系能带结构影响不大。相应地，透射谱表明了反平行情况下透射通道数目多于平行情况，并且体系在磁垒足够强时呈现半导体输运行为。由于受到更强的抑制作用，反平行情况下在低能量有更宽的电导禁止区域。此外，当电垒足够强时，虽然对体系能带的影响很微小，但透射谱显示由于电垒的引入只有小角度入射的电子可以透过，尤其当能量值与电垒高度相当时。

最后，对体系电子自旋极化分布的研究表明，体系平行和反平行情况下，反射电子和透射电子出现的能量区域与透射谱都是相对应的。在动量空间，由于电子自旋与动量的锁定，反射电子的取向总是旋转一个角度，而透射电子与入射电子取向一致。但是在实空间，入射区域电子自旋极化只随着纵坐标周期变化，并且自旋极化的 z 分量也是周期变化的，意味着自旋平面的锁定打破。在透射区域，因为只有透射波，电子自旋极化是随电子入射角的变化而变化的，即自旋极化与坐标无关。

第六章　总结和展望

6.1　全书总结

二维电子气体系一直是凝聚态物理领域的研究热点之一。不同的二维电子气体系具有各自独特的性质，并且展现出广泛的高技术应用前景。理论研究各类二维电子气体系的输运性质有很大科学意义。本书主要探讨了铁磁近邻作用下 3 类典型二维电子气体系的自旋相关输运性质。

第一章简要介绍了半导体异质结、石墨烯和三维拓扑绝缘体表面这 3 类二维电子气体系的实验制备，及其基本物理性质和应用前景。

第二章详细介绍了介观输运研究中常用的传输矩阵方法和 Landauer-Büttiker 电导公式。本研究主要采用了这些方法。

第三章从薛定谔方程出发，研究了半导体异质结二维电子气在两不一致磁垒作用下的自旋相关输运性质。研究结果表明，磁垒高度或宽度的不对称可以使得体系输运电导自旋分离。磁垒间隔越小且对称性越明显，其自旋分离越明显，同时导致隧穿磁阻的自旋分离。

第四章根据 Dirac 方程，利用转移矩阵方法分别研究了在磁垒作用下石墨烯二维电子气及其扶手椅型条带的输运特征。对石墨烯二维电子气的研究表明，磁垒相对高度的增强，除了使低能量区域禁止导通之外，反平行情况下的透射谱不再关于入射角对称。此外，两磁垒的间隔增大时，左行波和右行波干涉增强的点增多，使得透射通道更加离散化。当磁垒宽度变大时，衰减长度小于势垒宽度的电子将不能透过势垒。相应地，体系的隧穿电导和磁阻受结构参数变化明显，磁垒绝对和相对高度的增强使得电导减小，磁阻增大。磁垒间隔增大使得电导和磁阻振荡加强。当磁垒宽度变大时，由于衰减态的存在，体系电导减小，磁阻升高。此外，当石墨烯限制成一维扶手椅边缘条带后，由于横向受限，使得横向波矢离散化，所以在平行和反平行构型下体系都呈现出平台电导和磁阻。条带宽度不同，其能带结构和平台电导有无简并也不同。这些都能为基于石墨烯的纳米电子器件的设计提供很大的帮助。

第五章在 Dirac 方程基础上，利用转移矩阵方法研究了电磁超晶格作用下三维拓扑绝缘体表面二维电子气体系的能带结构、透射谱和电导随结构参数变化的特征，以及体系电子的自旋极化分布。结果表明，在同样的能量窗口，反平行构型下子能级的数目多于平行构型。当磁垒足够强时，平行和反平行构型下，低能量区域子能带几乎平行于费米能级，即传输速度 $\partial E/\partial k_x$ 将趋于零，表明电子的传输被禁止。相应地，透射谱表明体系透射通道数目的多少与能带结构一致，且磁垒足够强时体系呈现半导体输运性质。由于受到更强的抑制作用，反平行情况下存在更宽的禁止导通区域。当电垒足够强时，平行和反平行构型下，只存在小角度入射的透射通道，尤其是当能量值与电垒高度相当时。最后，动量空间电子自旋极化的分布表明，反射电子和透射电子出现的能量区域与透射谱都是相对应的。由于电子自旋与动量的锁定，反射电子的取向总是旋转一个角度，而透射电子与入射电子取向一致。但是在实空间，入射区域电子自旋极化只随着纵坐标周期变化，并且自旋极化的 z 分量也是周期变化的，这使得自旋平面的锁定被打破。在透射区域，因为只有透射波，电子自旋极化是随电子入射角的变化而变化的，即自旋极化与坐标无关。这些研究结果表明，我们可以通过外部环境来调控三维拓扑绝缘体表面的输运性质。

6.2　主要创新点及科学意义

本书较系统地研究了铁磁近邻作用下半导体异质结、石墨烯和三维拓扑绝缘体表面这 3 类二维电子气体系的自旋相关输运性质。其创新之处主要体现在以下几个方面：

①我们利用不对称磁垒对半导体异质结的调控来使自旋效应展现出

来，书中讨论了磁垒高度或宽度的不一致导致的电导和磁阻自旋分离现象。最终结果表明，只要两磁垒不一致，即不对称性显著，就可以使得体系电导自旋向上和自旋向下分离开来，进而导致隧穿磁阻的自旋分离。并且磁垒间隔越小，不对称性越强，自旋分离越显著。这也为人们设计基于隧穿磁阻原理的电子器件和自旋电子器件奠定了基础。

②对于两可调磁垒对石墨烯二维电子气体系输运性质的影响做了较全面的分析，考虑了结构参数变化对透射谱、隧穿电导和磁阻的影响。关于入射角和能量的透射谱很清晰地反映了磁垒结构参数的变化对体系输运的影响，磁垒相对或绝对高度的增强抑制了低能量入射电子透过，反平行构型下透射谱不再关于入射角对称。两磁垒间隔变大使透射率振荡增强。磁垒宽度变大使得衰减长度小于磁垒宽度的电子波无法透过，透射谱向高能量区域移动。隧穿磁阻的变化与电导密切相关，研究发现磁垒强度和宽度的变化可以明显改变其强弱，其中由于衰减态的存在，我们通过计算电子波的衰减长度，证明了磁垒宽度的变化使得衰减长度较短的电子波不能穿透磁垒。此外，我们还分析了两种宽度不同的扶手椅条带在两磁垒调节下体系的能带和电导的变化特征，因能级的分离其电导呈现平台特征，并且平台是否有简并与体系的能带特征是一致的。

③我们第一次研究了电磁超晶格对三维拓扑绝缘体表面输运性质的影响，及电子的自旋极化分布特征。我们利用超越方程给出了体系在平行和反平行构型下的能带结构，分别探讨了当磁垒足够强或电垒足够强时体系能带的变化，其中比较有意义的是磁垒增强使得低能量区域的能级几乎平行与坐标轴，这就意味着电子的传输速度将会趋于零，即电子将被禁止导通。在此基础上，我们给出的透射谱进一步表明，磁垒或电垒的增强使体系呈现出半导体输运性质和小角度透射等一些新奇特征。同时，电导还给出了整体输运特征。此外，我们还推导计算了体系的自旋极化矢量，给出了自旋极化在动量空间和实空间的分布，证明了在电磁超晶格作用下三维拓扑绝缘体表面电子自旋不再限于平面内。结合已有工作，我们的研究结果更加说明了可以利用外部环境来调控三维拓扑绝缘体表面的输运性质。

综上所述，3 类二维电子气体系在铁磁近邻作用下的输运性质研究，将对基于二维电子气体系的纳米电子器件的基本原理和设计，以及进一步深刻探讨这类体系提供了有益的参考，在新兴的自旋电子学理论及未来的技术应用方面都有重要的科学意义。

6.3 后续工作展望

本书的研究工作都是基于二维电子气体系在外加电磁场作用下的输运性质研究，没有考虑电子—声子相互作用、电子—电子相互作用强关联因素，以及两个不同表面之间的耦合作用对其输运性质的影响，相信考虑以上相互作用会让二维电子气体系的输运性质更加有趣和丰富。此外，对三维拓扑绝缘体薄膜材料在铁磁近邻作用下的输运性质关注还较少，这是一个很有意义及前景的研究方向。

最近一年来，由于在自旋电子学中具备潜在的应用价值，三维拓扑绝缘体在电磁作用下的自旋相关输运得到了广泛关注。因其具有体材料绝缘但表面是无能隙的金属型、自旋动量锁定等很多新奇特点，我们已经在这一方面展开了研究工作，主要研究了三维拓扑绝缘体表面的输运性质及电子自旋的分布特征。关于这一部分工作的研究还可以挖掘。例如，加限制势成为一维波导之后在外加电磁场作用下的输运和自旋极化的特征，薄膜考虑上下表面的耦合作用后的输运特征等，这将是我们后续工作中一个重要的研究方向。

虽然这些二维电子气体系在纳米电子学、微电子学等方面具有广泛的应用前景，但仍然有许多问题有待解决。因此，进一步理论和实验研究各种二维电子气体系的物理性质显得尤为重要，这将有力地促进其在纳米电子器件、分子器件等方面的应用。

参考文献

［1］ 黄永南．二维电子气简介［J］.固体电子学研究与进展，1982，2（4）：3－13.

［2］ Inoue K, Sakaki H, Yoshino J. MBE growth and properties of AlGaAs/GaAs/Al-GaAs selectively-doped double-heterojunction structures with very high conductivity ［J］. Japanese Journal of Applied Physics, 1984, 23（Part 2, No.10）：L767－L769.

［3］ Novoselov K S, Geim A K, Morozov S V, et al. Two-dimensional gas of massless Dirac fermions in graphene ［J］. Nature, 2005（438）：197.

［4］ Zhang H J, Liu C X, Qi X L, et al. Topological insulators in Bi_2Se_3, Bi_2Te_3 and Sb_2Te_3 with a single Dirac cone on the surface ［J］. Nature Physics, 2009, 5（6）：438－442.

［5］ Datta S. Electronic transport in mesoscopic systems ［M］. Cambridge：Cambridge UniversityPress, 1995.

［6］ Klitzing K V, Dorda G, Pepper M. New method for high-accuracy determination of the fine-structure constant based on quantized Hall resistance ［J］. Physical Review Letters, 1980, 45（6）：494－497.

［7］ Tsui D C, Stormer H L, Gossard A C. Two-dimensional agnetotransport in the extreme quantum limit ［J］. Physical Review Letters, 1982, 48（1）：1559－1562.

［8］ Laughlin H B. Anomalous quantum Hall effect：an incompressible quantum fluid with fractionally charged excitations ［J］. Physical Review Letters, 1983, 50（18）：1395－1398.

［9］ Joyce B A. Molecular beam epitaxy ［J］. Progress in Solid State Chemistry, 1980, 10（4446）：916－922.

［10］ Joachim C, Gimzewski J. K, Aviram A J. Electronics using hybrid-molecular and mono-molecular devices ［J］. Nature, 2000, 408（6812）：541－548.

［11］ Kroto H W, Heath J R, O'Brien S C, et al. C60：buckyminister-fullerene ［J］.

Nature, 1985 (318): 162 – 163.

[12] Curl R F, Smalley R E. Fullerenes [J]. Scientific American, 1991 (10): 54.

[13] Jijima S. Helical, microtubules of graphitic carbon [J]. Nature, 1991, 354 (6348): 56 – 58.

[14] Jijima S, Ichihashi T. Single-shell carbon nanotubes of 1nm diameter [J]. Nature International Weekly Journal of Science, 1993 (363): 603 – 605.

[15] Novoselov K S, Geim A K, Morozov S V, et al. Electric filed effect in atomically thin carbon film [J]. Science, 2004, 306 (5696): 666 – 669.

[16] 杨全红，吕伟，杨永岗，等．自由态二维碳原子晶体：单层石墨烯 [J]．新型炭材料，2008，23（2）：97 – 102．

[17] Meyer J C, Geim A K, Katsnelson M I, et al. On the roughness of single-and bi-layer graphene membranes [J]. Solid State Communications, 2007, 143 (1): 101 – 109.

[18] Fasolino A, Los J H, Katsnelson M I. Intrinsic ripples in graphene [J]. Nature Materials, 2007, 6 (11): 858 – 861.

[19] Berger C, Song Z M, Li X B, et al. Electronic confinement and coherence in patterned epitaxial graphene [J]. Science, 2006, 312 (5777): 1191 – 1196.

[20] Liang X G, Fu Z L, Chou S Y. Graphene transistors fabricated via transfer-printing in device active-areas on large wafer [J]. Nano Letters, 2007, 7 (12): 3840 – 3844.

[21] Li D, Muller M B, Gilje S, et al. Processable aqueous dispersions of graphene nanosheets [J]. Nature Nanotechnology, 2008, 3 (2): 101 – 105.

[22] Stankovich S, Dikin D A, Dommett G H, et al. Graphene-based composite materials [J]. Nature, 2006, 442 (2): 20 – 26.

[23] 王征飞．单层及有限层石墨体系的扫描隧道显微镜图像模拟与纳米电子器件的理论研究 [D]．合肥：中国科学技术大学，2008．

[24] Forbeaux I, Themlin J M, Debever J M. Heteroepitaxial graphite on 6H – SiC (0001): interface formation through conduction-band electronic structure [J]. Physical Review B, 1998, 58 (24): 16396 – 16406.

[25] Hibino H, Kageshima H, Maeda F, et al. Microscopic thickness determination of thin graphite films formed on SiC from quantized oscillation in reflectivity of low-energy electrons [J]. Physical Review B, 2012, 77 (7): 075413.

[26] Rutter G M, Guisinger N P, Crain J N, et al. Imaging the interface of epitaxial

graphene with silicon carbide via scanning tunneling microscopy [J]. Physical Review B Condensed Matter, 2007, 76 (23): 341 – 352.

[27] Poon S W, Chen W, Tok E S, et al. Probing epitaxial growth of graphene on silicon carbide by metal decoration [J]. Appl. Rhys. Lett. , 2008 (92): 104102.

[28] 江华. 拓扑绝缘体输运性质研究 [D]. 北京: 中国科学院研究生院, 2010.

[29] Kohn W. Theory of the insulating state [J]. Physical Review Letters, 1964, 133 (1A): 171 – 181.

[30] Day C. Quantum spin Hall effect shows up in a quantum well insulator [J]. Physics Today, 2008, 61 (1): 19 – 23.

[31] Avron J E, Osadchy D, Seiler R. A topological look at the quantum Hall effect [J]. Physics Today, 2003, 56 (8): 38 – 42.

[32] Kane C L, Mele E J. Quantum spin Hall effect in graphene [J]. Physical Review Letters, 2005 (95): 226801.

[33] Bernevig B A, Hughes T L, Zhang S C. Quantum spin Hall effect and topological phase transition in HgTe quantum wells [J]. Science, 2007, 314 (5806): 1757.

[34] König M, Wiedmann S, Bruene C, et al. Quantum spin Hall insulatorstate in HgTe quantum wells [J]. Science, 2007, 318 (5851): 766 – 770.

[35] Murakami S. Quantum spin Hall effect and enhanced magnetic response by spin – orbit coupling [J]. Physical Review Letters, 2006, 97 (23): 236805.

[36] Shitade A, Katsura H, Kunes J, et al. Quantum spin Hall effect in a transition metal oxide Na_2IrO_3 [J]. Physical Review Letters, 2009, 102 (25): 256403.

[37] Liu C X, Hughes T L, Qi X L, et al. Quantum spin Hall effect in type – II semiconductors [J]. Physical Review Letters, 2008, 100 (23): 236601.

[38] Fu L, Kane C L, Mele E J. Topological insulator in three dimensions [J]. Physical Review Letters, 2006, 98 (10): 106803.

[39] Moore J E, Balents L. Topological invariants of time-reversal-invariant band structures [J]. Physical Review B, 2007 (75): 121306 (R) .

[40] Roy R. Z2 classification of quantum spin Hall systems: an approach using time-reversal invariance [J]. Physical Review B, 2009, 79 (19): 195321.

[41] Xia Y, Qian D, Hsieh D, et al. Observation of a large-gap topological-insulator class with a single Dirac cone on the surface [J]. Nature Physics, 2009, 5 (6): 398 – 402.

［42］ Moore J E. Topological insulator: the next generation ［J］. Nature Physics, 2009, 5 (6): 378 – 380.

［43］ Hsieh D, Xia Y, Qian D, et al. A tunable topological insulator in the spin helical Dirac transport regime ［J］. Nature, 2009, 460 (7259): 1101 – 1105.

［44］ Deng Y, Nan C W, Wei G D, et al. Organic-assisted growth of bismuth telluride nanocrystals ［J］. Chemical Physics Letters, 2003, 374 (3): 410 – 415.

［45］ Kong D, Randel J C, Peng H, et al. Topological insulator nanowires and nanoribbons ［J］. Nano Letters, 2010, 10 (1): 329 – 333.

［46］ Zhang G H, Qin H J, Teng J, et al. Quintuple-layer epitaxy of thin films of topological insulator Bi_2Se_3 ［J］. Applied Physics Letters, 2009, 95 (5): 053114.

［47］ Zhang Y, He K, Chang C Z, et al. Crossover of the three-dimensional topological insulator Bi_2Se_3 to the two-dimensional limit ［J］. Nature Physics, 2009, 6 (8): 712.

［48］ Sakamoto Y, Hirahara T, Miyazaki H, et al. Spectroscopic evidence of a topological quantum phase transition in ultrathin Bi_2Se_3 films ［J］. Physical Review B, 2010, 81 (16): 2 – 5.

［49］ Katsnelson M I, Novoselov K S, Geim A K. Chiral tunnelling and the Klein paradox in graphene ［J］. Nature Physics, 2006, 2 (2): 620 – 625.

［50］ Klein O. Die reflexion von elektronen an einem potentialsprung nach der relativistischen dynamik von Dirac ［J］. Zeitschrift Für Physik, 1929, 53 (3 – 4): 157 – 165.

［51］ Young A F, Kim P. Quantum interference and Klein tunnelling in graphene heterojunctions ［J］. Nature Physics, 2008, 5 (11): 222 – 226.

［52］ Pereira J M, Mlinar V, Peeters F M, et al. Confined states and direction-dependent transmission in graphene quantum wells ［J］. Physical Review B, 2006, 74 (4): 045424.

［53］ Cheianov V V, Fal'ko V I. Selective transmission of Dirac electrons and ballistic magnetoresistance of n – p junctions in graphene ［J］. Physical Review B, 2006, 74 (4): 041403 (R) .

［54］ Beenakker C W J. Colloquium: Andreev reflection and Klein tunneling in graphene ［J］. Review of Modern Physics, 2007, 80 (4): 1337 – 1354.

［55］ Novoselov K S, Jiang Z, Zhang Y, et al. Room-temperature quantum Hall effect in graphene ［J］. Science, 2007, 315 (5817): 1379.

［56］毛金海，张海刚，刘奇，等. Graphene 的物理性质和器件应用［J］. 物理，2009，38（6）：378 – 386.

［57］Novoselov K S, McCann E, Morozov S V, et al. Unconventional quantum Hall effect and Berry's phase of 2π in bilayer graphene［J］. Nature Physics, 2006, 2（2）：177 – 180.

［58］Matsui T, Kambara H, Niimi Y, et al. STS observations of Landau levels at graphite surfaces［J］. Physical Review Letters, 2004, 94（22）：226403.

［59］Zhang Y, Jiang Z, Small J P, et al. Landau-level splitting in graphene in high magnetic fields［J］. Physical Review Letters, 2006, 96（13）：136806.

［60］Abrahams E, Anderson P W, Licciardello D C, et al. Scaling theory of localization: absence of quantum diffusion in two dimensions［J］. Physical Review Letters, 1979, 42（10）：673 – 676.

［61］Cserti J. Minimal longitudinal dc conductivity of perfect bilayer graphene［J］. Physical Review B Condensed Matter, 2007, 75（3）：033405.

［62］Ziegler K. Robust transport properties in graphene［J］. Physical Review Letters, 2006, 97（26）：266802.

［63］Nomura K, MacDonald A H. Quantum Hall ferromagnetism in graphene［J］. Physical Review Letters, 2006, 96（25）：256602.

［64］Cheng P, Song C, Zhang T, et al. Landau quantization of topological surface states in Bi_2Se_3［J］. Physical Review Letters, 2010, 105（7）：076801.

［65］Yu R, Zhang W, Zhang H J, et al. Quantized anomalous Hall effect in magnetic topological insulators［J］. Science, 2010（329）：61 – 64.

［66］Cha J J, Williams J R, Kong D, et al. Magnetic doping and kondo effect in Bi_2Se_3 nanoribbons［J］. Nano Letters, 2010, 10（3）：1076 – 1081.

［67］Roushan P, Seo J, Parker C V, et al. Topological surface states protected from backscattering by chiral spin texture［J］. Nature, 2009, 460（7259）：1106 – 1109.

［68］Zhang T, Cheng P, Chen X, et al. Experimental demonstration of topological surface states protected by time-reversal symmetry［J］. Physical Review Letters, 2009, 103（26）：266803.

［69］Adachi S. GaAs, AlAs, and AlxGa1 – xAs material parameters for use in research and device applications［J］. Journal of Applied Physics, 1985, 58（1）：R1 – R29.

[70] Baibich M N, Broto J M, Fert A, et al. Giant magnetoresistance of (001) Fe/ (001) Cr magnetic snperlattices [J]. Physical Review Letters, 1988, 61 (21): 2472.

[71] Lee C G, Wei X D, Jeffrey W, et al. Measurement of the elastic properties and intrinsic strength of monolayer graphene [J]. Science, 2008, 321 (5887): 385 – 388.

[72] Zhang Y B, Tan Y W, Stormer H L, et al. Experimental observation of the quantum Hall effect and Berry's phase in graphene [J]. Nature, 2005, 438 (7065): 201 – 204.

[73] Service R F. Carbon sheets an atom thick give rise to graphene dreams [J]. Science, 2009, 324 (5929): 875.

[74] Geim A K, Novoselov K S. The rise of graphene [J]. Nature Material, 2007, 6 (3): 183 – 191.

[75] Van Kampen N G. Stochastic processes in physics and chemsistry [D]. Amsterdan: North-Holland, 1981.

[76] Kassubek F, Stafford C A, Grabert H. Force, charge, and conductance of an ideal metallic nanowire [J]. Physical Review B, 1998, 59 (11): 7560 – 7574.

[77] 夏建白, 朱邦芬. 半导体超晶格物理 [M]. 上海: 上海科学技术出版社, 1995.

[78] Landauer R. Spacial variation of currents and fields due to localized scattersin metallic conduction [J]. IBM Journal of Research and Development, 1957 (1): 223 – 231.

[79] Büttiker M, Imry Y. Magnetic field asymmetry in the multichannel Landauer formula [J]. Journal of Physics C Solid State Physics, 1985, 18 (16): L467 – L472.

[80] Büttiker M. Four-terminal phase-coherent conductance [J]. Physical Review Letters, 1986, 57 (14): 1761.

[81] Matulis A, Peeters F M, Vasilopoulos P. Wave-vector-dependent tunneling through magnetic barriers [J]. Physical Review Letters, 1994, 72 (10): 1518 – 1521.

[82] Guo Y, Wang H, Gu B L, et al. Electric-field effects on electronic tunneling transport in magnetic barrier structures [J]. Physical Review B, 2000, 61 (3): 1728 – 1731.

[83] Vancura T, Ihn T, Broderick S, et al. Electron transport in a two-dimensional electrongas with magnetic barriers [J]. Physical Review B, 2000, 62 (8): 5 – 7.

[84] Casper F, Felser C. Giant magnetoresistance in semiconducting DyNiBi [J]. Solid State Communications, 2008, 148 (5): 175 – 177.

[85] Zhai F, Guo Y, Gu B L. Giant magnetoresistance effect in a magnetic-electric barrier structure [J]. Physical Review B, 2002, 66 (12): 125305.

[86] Yang X D, Wang R Z, Guo Y, et al. Giant magnetoresistance effect of two-dimensional electron gas systems in a periodically modulated magnetic field [J]. Physical Review B Condensed Matter, 2004, 70 (11): 2516 – 2528.

[87] Beletskii N N, Berman G P, Bishop A R, et al. Magnetoresistance and spin polarization of electron current in magnetic tunnel junctions [J]. Physical Review B, 2007, 75 (75): 509 – 526.

[88] Guo Y, Gu B L, Zeng Z, et al. Electron-spin polarization in magnetically modulated quantum structures [J]. Physical Review B, 2000, 62 (4): 2635 – 2639.

[89] Lu M W, Zhang L D, Yan X H. Spin polarization of electrons tunneling through magnetic-barrier nanostructures [J]. Physical Review B, 2002, 66 (22): 224412.

[90] Bao Y J, Shen S Q. Electric-field-induced resonant spin polarization in a two-dimensional electron gas [J]. Physical Review B Condensed Matter, 2007, 76 (4): 045313.

[91] Ngo A T, Villas-Bôas J M, Ulloa S E. Spin polarization control via magnetic barriers and spin-orbit effects [J]. Physical Review B Condensed Matter, 2012, 78 (24): 1879 – 1882.

[92] Honda S, Itoh H, Inoue J, et al. Spin polarization control through resonant states in an Fe/GaAs Schottky barrier [J]. Physical Review B Condensed Matter, 2008, 78 (24): 25 – 39.

[93] Pershin Y V, Ventra M D. Spin memristive systems: Spin memory effects in semiconductor spintronics [J]. Physical Review B, 2008, 78 (11): 113309.

[94] Majumdar A. Effects of intrinsic spin on electronic transport through magnetic barriers [J]. Physical Review B Condensed Matter, 1996, 54 (17): 11911 – 11913.

[95] Ibrahim I S, Peeters F M. Two-dimensional electrons in lateral magnetic superlattices [J]. Physical Review B, 1995, 52 (1): 17321.

[96] Papp G, Peeters F M. Spin filtering in a magnetic-electric barrier structure [J]. Applied Physics Letters, 2001, 79 (19): 3198 – 3198.

[97] Schep K M, Kelly P J, Bauer G E W. Ballistic transport and electronic structure

[J]. Physical Review B, 1998, 57 (15): 8907 – 8926.

[98] Neto A H C, Guinea F, Peres N M R, et al. The electronic properties of graphene [J]. Physica Status Solidi, 2007, 244 (11): 4106 – 4111.

[99] De Martino A, Dell' Anna L, Egger R. Magnetic confinement of massless Dirac fermions in graphene [J]. Physical Review Letters, 2007, 98 (6): 066802.

[100] Masir M R, Vasilopoulos P, Peeters F M. Magnetic Kronig-Penney model for Dirac electrons in single-layer graphene [J]. New Journal of Physics, 2009, 11 (9): 095009.

[101] Tahir M, Sabeeh K. Quantum transport of Dirac electrons in graphene in the presence of a spatially modulated magnetic field [J]. Physical Review B, 2008, 77 (19): 998 – 1002.

[102] Pereira J M, Vasilopoulos P, Peeters F M. Graphene-based resonant-tunneling strucures [J]. Applied Physics Letters, 2007, 90 (13): 245420.

[103] Cerchez M, Hugger S, Heinzel T, et al. Effect of edge transmission and elastic scattering on the resistance of magnetic barriers: experiment and theory [J]. Physical Review B, 2007 (75): 035341.

[104] Masir M R, Vasilopoulos P, Matulis A, et al. Direction-dependent tunneling through nanostructured magnetic barriers in graphene [J]. Physical Review B Condensed Matter, 2008, 77 (23): 235443.

[105] Xu H Y, Heinzel T, Evaldsson M, et al. Magnetic barriers in graphene nanoribbons: theoretical study of transport properties [J]. Physical Review B Condensed Matter, 2008, 7763 (24): 245401.

[106] Zhou B L, Zhou B H, Liao W H, et al. Electronic transport for armchair graphene nanoribbons with a potential barrier [J]. Chinese Physics B, 2010, 374 (3): 761 – 764.

[107] Dell'Anna L, Martino A D. Multiple magnetic barriers in graphene [J]. Physical Review B, 2009, 79 (4): 045420.

[108] Bai C Xd, Zhang X D. Klein paradox and resonant tunneling in a graphene super-lattice [J]. Physical Review B, 2007, 76 (7): 3009 – 3014.

[109] Zhai F, Chang K. Theory of huge tunneling magnetoresistance in graphene [J]. Physical Review B, 2008, 77 (11): 113409.

[110] Bliokh Y P, Freilikher V, Nori F. Tunable electronic transport and unidirectional quantum wires in graphene subjected to electric and magnetic fields [J]. Physical

Review B, 2010, 81 (7): 075410.

[111] Li Y X. Transport in a magnetic field modulated graphene superlattice [J]. Journal of Physics-Condensed Matter, 2010, 22 (1): 015302.

[112] MasirM R, Vasilopoulos P, Peeters F M. Kronig-Penney model of scalar and vector potentials in graphene [J]. Journal of Physics – Condensed Matter, 2010, 22 (46): 465302

[113] Brey L, Fertig H A. Electronic states of graphene nanoribbons studied with the Dirac equation [J]. Physical Review B, 2006, 73 (23): 235411.

[114] Zheng H X, Wang Z F, Luo T, et al. Analytical study of electronic structure in armchair graphene nanoribbons [J]. Physical Review B, 2007, 75 (16): 165414.

[115] Myoung N, Ihm G, Lee S J. Transport in armchair graphene nanoribbons modulated by magnetic barriers [J]. Physica E: Low-Dimensional Systems and Nanostructures, 2010, 42 (10): 2808 – 2814.

[116] Wallace P R. The band theory of graphite [J]. Physical Review, 1947, 71 (9): 622 – 634.

[117] Reich S, Maultzsch J, Thomsen C, et al. Tight-binding description of graphene [J]. Physical Review B, 2002, 66 (3): 035412.

[118] 廖文虎. 石墨烯纳米带电光性质及应力调控研究 [D]. 长沙: 湖南师范大学, 2010.

[119] Wu Y H, Yu T, Shen Z X. Two-dimensional carbon nanostructures: fundamental properties, synthesis, characterization, and potential applications [J]. Journal of Applied Physics, 2010, 108 (7): 10 – 13.

[120] Wakabayashi K, Fujita M, Ajiki H, et al. Electronic and magnetic properties of nanographite ribbons [J]. Physical Review B, 1999, 59 (12): 8271.

[121] Fujita M, Wakabayashi K, Nakada K, et al. Peculiar localized state at zigzag graphite edge [J]. Journal of the Physical Society of Japan, 2013, 65 (65): 1920.

[122] Nakada K, Fujita M, Dresselhaus G, et al. Edge state in graphene ribbons: nanometer size effect and edge shape dependence [J]. Physical Review B, 1996, 54 (24): 17954.

[123] Ezawa M. Peculiar width dependence of the electronic properties of carbon nanoribbons [J]. Physical Review B, 2006, 73 (4): 045432.

［124］ Son Y W, Cohen M L, Louie S G. Energy gaps in graphene nanoribbons ［J］. Physical Review Letters, 2006, 97 (21): 216803.

［125］ Cresti A, Grosso G, Parravicini G P. Electronic states and magnetotransport in unipolar and bipolar graphene ribbons ［J］. Physical Review B, 2008, 77 (11): 115408.

［126］ Malysheva L, Onipko A. Spectrum of π electrons in graphene as a macromolecule ［J］. Physical Review Letters, 2008, 100 (18): 186806.

［127］ Ghosh S, Sharma M. Electron optics with magnetic vector potential barriers in graphene ［J］. Journal of Physics – Condensed Matter, 2009, 21 (29): 292204.

［128］ Sharma M, Ghosh S. Electron transport and Goos-Hänchen shift in graphene with electric and magnetic barriers: optical analogy and band structure ［J］. Journal of Physics – Condensed Matter, 2011, 23 (5): 055501.

［129］ Kong Y H, Lu M W, Tang W H, et al. Giant magnetoresistance effect in hybrid ferromagnetic/semiconductor nanosystems ［J］. Solid State Communications, 2007, 142 (3): 143 – 147.

［130］ Matulis A, Peeters F M, Vasilopoulos P. Wave-vector-dependent tunneling through magnetic barriers ［J］. Physical Review Letters, 1994, 72 (10): 1518 – 1521.

［131］ Ibrahim I S, Peeters F M. Two-dimensional electrons in lateral magnetic superlattices ［J］. Physical Review B, 1995, 52 (24): 17321 – 17334.

［132］ Papp G, Peeters F M. Spin filtering in a magnetic-electric barrier Structure ［J］. Applied Physics Letters, 2001, 79 (19): 3198 – 3198.

［133］ Papp G, Peeters F M. Tunable giant magnetoresistance with magnetic barriers ［J］. Journal of Applied Physics, 2006, 100 (4): 345.

［134］ Wang H Y, Chen X W, Zhou B H, et al. Magnetotransport in a graphene monolayer with two tunable magnetic barriers ［J］. Physica B Physics of Condensed Matter, 2011, 406 (23): 4407 – 4411.

［135］ Yang X D, Wang R Z, Guo Y, et al. Giant magnetoresistance effect of two-dimensionalelectron gas systems in a periodically modulated magnetic field ［J］. Physical Review B Condensed Matter, 2004, 70 (11): 2516 – 2528.

［136］ Kane C L, Mele E J. A new spin on the insulating state ［J］. Science, 2006, 314 (5806): 1692 – 1693.

［137］ Hasan M Z, Kane C L. Colloquium: topological insulators ［J］. Reviews of Modern Physics, 2010, 82 (4): 3045 – 3067.

[138] Murakami S. Phase transition between the quantum spin Hall and insulator phases in 3D: emergence of a topological gapless phase [J]. New Journal of Physics, 2007, 10 (2): 029802 – 029803.

[139] Liu C X, Qi X L, Zhang H J, et al. Model Hamiltonian for topological insulators [J]. Physical Review B, 2010, 82 (4): 3086 – 3092.

[140] Fu L, Kane C L. Topological insulators with inversion symmetry [J]. Physical Review B, 2007, 76 (7): 045302.

[141] Hsieh D, Qian D, Wray L, et al. Y. A topological Dirac insulator in a quantum spin Hall phase [J]. Nature, 2008, 452 (7190): 970 – 974.

[142] Hsieh D, Xia Y, Wray L, et al. Observation of unconventional quantum spin textures in topological insulators [J]. Science, 2009, 323 (5916): 919 – 922.

[143] Chen Y L, Analytis J G, Chu J H, et al. Experimental realization of a three-dimensional topological insulator, Bi_2Te_3 [J]. Science, 2009, 325 (5937): 178 – 181.

[144] Chen Y L, Chu J H, Analytis J G, et al. Massive Dirac fermion on the surface of a magnetically doped topological insulator [J]. Science, 2010, 329 (5992): 659 – 662.

[145] Qi X L, Hughes T L, Zhang S C. Topological field theory of time-reversal invariant insulators [J]. Physical Review B, 2008, 78 (19): 2599 – 2604.

[146] Roy R. Topological phases and the quantum spin Hall effect in three dimensions [J]. Physical Review B Condensed Matter, 2009, 79 (79): 195322.

[147] Kong D S, Dang W H, Judy J, et al. Few-layer nanoplates of Bi2Se3 and Bi2Te3 with highly tunable chemical potential [J]. Nano Letters, 2010, 10 (6): 2245.

[148] Yokoyama T, Balatsky A V, Nagaosa N. Gate-controlled one-dimensional channel on the surface of a 3D topological insulator [J]. Physical Review Letters, 2010, 104 (24): 246806.

[149] Nomura K, Nagaosa N. Electric charging of magnetic textures on the surface of a topological insulator [J]. Physical Review B Condensed Matter, 2010, 82 (16): 161401 (R).

[150] Chen J, Qin H J, Yang F, et al. Gate-voltage control of chemical potential and weak antilocalization in Bi_2Se_3 [J]. Physical Review Letters, 2010, 105 (17): 176602.

[151] Wu Z H, Peeters F M, Chang K. Spin and momentum filtering of electrons on the

surface of a topological insulator [J]. Applied Physics Letters, 2011, 98 (16): 162101.

[152] Li Q Z, Ghosh P, Sau J D, et al. Anisotropic surface transport in topological insulators in proximity to a helical spin density wave [J]. Physical Review B Condensed Matter, 2010, 83 (8): 210 – 216.

[153] Yokoyama T, Tanaka Y, Nagaosa N. Anomalous magnetoresistance of a two-dimensional ferromagnet/ferromagnet junction on the surface of a topological insulator [J]. Physical Review B Condensed Matter, 2010, 81 (12): 760 – 762.

[154] Wu Z H, Peeters F M, Chang K. Electron tunneling through double magnetic barriers on the surface of a topological insulator [J]. Physical Review B, 2010, 82 (11): 7174 – 7182.

[155] Mondal S, Sen D, Sengupta K, et al. Tuning the Conductance of Dirac Fermions on the Surface of a Topological Insulator [J]. Physical Review Letters, 2010, 104 (4): 046403.

[156] Zhang Y, Zhai F. Tunneling magnetoresistance on the surface of a topological insulator with periodic magnetic modulations [J]. Applied Physics Letters, 2010, 96 (17): 106803.

[157] Ezawa M, Zang J d. Current modulator based on topological insulator with sliding magnetic superlattice [J]. Physical Review B Condensed Matter, 2012, 81 (19): 2498 – 2502.

[158] Zhai F, Mu P Y, Chang K. Energy spectrum of Dirac electrons on the surface of a topological insulator modulated by a spiral magnetization superlattice [J]. Physical Review B, 2011, 83 (19): 4613 – 4616.

[159] Zutic I, Fabian J, Sarma S D. Spintronics: fundamentals and applications [J]. Review of Modern Physics, 2004, 30 (2): 323 – 410.

[160] Shao H H, Zhou X Y, Li Y, et al. Spin polarization and charge transmission for a waveguide on surface of topological insulator [J]. Applied Physics Letters, 2011, 99 (15): 153104.